装配式建筑丛书

U0171490

装配式钢结构设计指南

江 苏 省 住 房 和 城 乡 建 设 厅
江苏省住房和城乡建设厅科技发展中心   编著

东南大学出版社
SOUTHEAST UNIVERSITY PRESS
·南京·

内 容 提 要

近年来,随着我国逐渐加快推进建筑工业化发展,装配式钢结构因其抗震性能优越以及轻质环保等诸多优点,从而得到大力推广和应用。江苏省住房和城乡建设厅为加快装配式钢结构的发展,特组织专家编写了《装配式钢结构设计指南》。本书共7个章节,第1章对装配式钢结构发展的背景和意义进行介绍;第2章对装配式钢结构设计中的一些共性设计原则进行说明;第3~5章分别对当前我国常见的装配式钢结构体系在低层建筑、多高层建筑以及模块化建筑结构设计中的各自的要点和规定进行系统性的阐述,并选取一些典型工程案例来进行详细说明;第6章对装配式钢结构体系中的围护结构在装配式钢结构应用中的设计和构造要点进行讲解;第7章对装配式钢结构体系中防火和防腐方面要求进行解释和说明。

本书可供从事装配式钢结构设计人员学习参考。

图书在版编目(CIP)数据

装配式钢结构设计指南 / 江苏省住房和城乡建设厅,
江苏省住房和城乡建设厅科技发展中心编著. —南京 :
东南大学出版社,2021.10
 (装配式建筑丛书)
 ISBN 978-7-5641-9706-3

Ⅰ. ①装… Ⅱ. ①江… ②江… Ⅲ. ①钢结构-结构
设计-指南 Ⅳ. ①TU391.04-62

中国版本图书馆 CIP 数据核字(2021)第 196780 号

装配式钢结构设计指南
Zhuangpeishi Gangjiegou Sheji Zhinan
江 苏 省 住 房 和 城 乡 建 设 厅
江苏省住房和城乡建设厅科技发展中心 **编著**

出版发行	东南大学出版社
社　　址	南京市四牌楼 2 号　邮编:210096
出 版 人	江建中
责任编辑	丁　丁
编辑邮箱	d. d. 00@163. com
网　　址	http://www. seupress. com
电子邮箱	press@seupress. com
经　　销	全国各地新华书店
印　　刷	南京玉河印刷厂
版　　次	2021 年 10 月第 1 版
印　　次	2021 年 10 月第 1 次印刷
开　　本	787 mm×1 092 mm　1/16
印　　张	9. 5
字　　数	208 千
书　　号	ISBN 978-7-5641-9706-3
定　　价	68. 00 元

本社图书若有印装质量问题,请直接与营销部联系。电话(传真):025-83791830

序

　　建筑业是国民经济的支柱产业,建筑业增加值占国内生产总值的比重连续多年保持在 6.9% 以上,对经济社会发展、城乡建设和民生改善作出了重要贡献。但传统建筑业大而不强、产业化基础薄弱、科技创新动力不足、工人技能素质偏低等问题较为突出,越来越难以适应新发展理念要求。2020 年 9 月,国家主席习近平在第七十五届联合国大会一般性辩论上表示,中国将提高国家自主贡献力度,采取更加有力的政策和措施,二氧化碳排放力争于 2030 年前达到峰值,努力争取 2060 年前实现碳中和。推进以装配式建筑为代表的新型建筑工业化,是贯彻习近平生态文明思想的必然要求,是促进建设领域节能减排的重要举措,是提升建筑品质的必由之路。

　　作为建筑业大省,江苏在推进绿色建筑、装配式建筑发展方面一直走在全国前列。自 2014 年成为国家首批建筑产业现代化试点省以来,江苏坚持政府引导和市场主导相结合,不断加大政策引领,突出示范带动,强化科技支撑,完善地方标准,加强队伍建设,稳步推进装配式建筑发展。截至 2019 年底,全省累计新开工装配式建筑面积约 7800 万 m^2,占当年新建建筑比例从 2015 年的 3% 上升至 2019 年的 23%,有力促进了江苏建筑业迈向绿色建造、数字建造、智能建造的新征程,进一步提升了"江苏建造"影响力。

　　新时代、新使命、新担当。江苏省住房和城乡建设厅组织编写的"装配式建筑丛书",采用理论阐述与案例剖析相结合的方式,阐释了装配式建筑设计、生产、施工、组织等方面的特点和要求,具有较强的科学性、理论性和指导性,有助于装配式建筑从业人员拓宽视野、丰富知识、提升技能。相信这套丛书的出版,将为提高"十四五"装配式建筑发展质量、促进建筑业转型升级、推动城乡建设高质量发展发挥重要作用。

　　是以为序。

清华大学土木工程系教授(中国工程院院士)

2020 年 11 月

丛 书 前 言

江苏历来都是理想人居地的代表,但同时也是人口、资源和环境压力最大的省份之一。作为全国经济社会的先发地区,截至 2019 年底,江苏的城镇化水平已达到 70.6%,超过全国同期水平 10 个百分点。江苏还是建筑业大省,2019 年江苏建筑业总产值达 33 103.64 亿元,占全国的 13.3%,产值规模继续保持全国第一;实现建筑业增加值 6 493.5 亿元,比上年增长 7.1%,约占全省 GDP 的 6.5%。江苏城乡建设将由高速度发展向高质量发展转变,新型城镇化将由从追求"速度和规模"迈向更加注重"质量和品质"的新阶段。

自 2015 年以来,江苏通过建立工作机制、完善保障措施、健全技术体系、强化重点示范等举措,积极推动了全省装配式建筑的高质量发展。截至 2019 年底,江苏累计新开工装配式建筑面积约 7 800 万 m²,占当年新建建筑比例从 2015 年的 3% 上升至 2019 年的 23%;同时,先后创建了国家级装配式建筑示范城市 3 个、装配式建筑产业基地 20 个;创建了省级建筑产业现代化示范城市 13 个、示范园区 7 个、示范基地 193 个、示范工程项目 95 个,建筑产业现代化发展取得了阶段性成效。

目前,江苏建筑产业现代化即将迈入普及应用期,而在推进装配式建筑发展的过程中,仍存在专业化人才队伍数量不足、技能不高、层次不全等问题,亟须一套专著来系统提升人员素质和塑造职业能力。为顺应这一迫切需求,在江苏省住房和城乡建设厅指导下,江苏省住房和城乡建设厅科技发展中心联合东南大学、南京工业大学、南京长江都市建筑设计股份有限公司等单位的一线专家学者和技术骨干,系统编著了"装配式建筑丛书"。丛书由《装配式建筑设计实务与示例》《装配整体式混凝土结构设计指南》《装配式混凝土建筑构件预制与安装技术》《装配式钢结构设计指南》《现代木结构设计指南》《装配式建筑总承包管理》《BIM 技术在装配式建筑全生命周期的应用》七个分册组成,针对混凝土结构、钢结构和木结构三种结构类型,涉及建筑设计、结构设计、构件生产安装、施工总承包及全生命周期 BIM 应用等多个方面,系统全面地对装配式建筑相关技术进行了理论总结和项目实践。

限于时间和水平,丛书虽几经修改,疏漏和错误之处在所难免,欢迎广大读者提出宝贵意见。

编委会
2020 年 12 月

前　言

近些年,我国大力推进和发展建筑工业化,钢结构因其性能优越、便于装配以及绿色环保等优点,得到国家政策的大力支持。2016年,国务院颁发《国务院办公厅关于大力发展装配式建筑的指导意见》文件,倡导大力推广装配式建筑,加大政策支持力度,力争用10年左右的时间,使装配式建筑占新建建筑的比例达30%,并积极稳妥地推广钢结构建筑。同时,住房和城乡建设部颁布了《装配式钢结构建筑技术标准》(GB/T 51232—2016)以促进装配式钢结构的发展。2017年2月,国务院办公厅发布了《关于促进建筑业持续健康发展的意见》中再次提到大力发展装配式钢结构建筑。此外,各个地方也出台各类优惠政策来推进装配式钢结构建筑的发展,包括编制装配式钢结构有关的技术规程、建设装配式钢结构生产与示范基地以及提高装配式钢结构应用比例规定等。这些政策和措施有力地推进了我国装配式钢结构建筑的发展。

装配式钢结构已经发展多年,在低层、多高层以及模块化建筑中都得到较多的应用,形成了不同结构体系。然而,其中许多装配式钢结构体系的关键技术尚未普遍推广,行业技术人员普遍反映对于装配式钢结构建筑技术体系和有关设计标准还比较陌生,特别是对装配式钢结构的集成化设计过程的理解不够准确、深入。在此背景下,江苏省住房和城乡建设厅组织编写《装配式钢结构设计指南》,以期能够为从事装配式钢结构的广大设计人员提供一些参考和帮助。

本书全面系统地梳理了我国当前常见装配式钢结构体系设计时的主要内容和方法。本书先概括总结了装配式钢结构体系设计时的一些基本设计原则,进而分别对常见的装配式钢结构体系在低层建筑、多高层建筑以及模块化建筑结构中应用时的设计要点和规定进行具体的阐述,并选取一些典型工程案例进行详细说明。此外,对各类装配式钢结构体系中应用比较广泛的围护结构及其防火与防腐设计和构造要点进行讲解。

本书共分7章,其中第1章和第2章由舒赣平编写;第4章和第5章由秦颖编写;第3章和第6章由曹石编写;第7章由杜二峰编写。全书由舒赣平统稿。

限于笔者时间、水平和经验,书中难免有疏漏和不足之处,真诚欢迎广大读者和同行专家不吝赐教和指正。

笔　者

目　　录

1 装配式钢结构概述

1.1 装配式钢结构发展的背景和意义

钢结构具有轻质高强、绿色环保、便于制作和标准化以及抗震性能好等诸多优点,在欧美发达国家的住宅产业化得到广泛的推广与应用。但是在我国,"秦砖汉瓦"的建筑理念长期以来根深蒂固,混凝土结构、砌体结构等传统建筑结构体系仍然一统天下,这些体系的建造方式存在着土地资源浪费、生态破坏严重、抗震性能差等一系列问题,严重制约了我国建筑工业化的发展。改革开放以后,我国逐渐开始从国外引进一些装配式钢结构体系进行应用,但国外装配式钢结构住宅体系多适用于别墅、度假酒店等多低层建筑,不适合我国人多地少基本国情。随着我国经济的发展以及产业的优化调整,建筑工业化的步伐也越来越快。最近几年,我国钢铁产能严重过剩,发展装配式钢结构建筑不仅可以推进建筑工业化发展,还能大大化解我国当前钢铁产能严重过剩的矛盾。因此,积极发展与应用装配式钢结构建筑不仅可以提高我国建筑技术水平,还对我国建筑产业结构调整以及住宅产业化的实现具有重大的促进作用和现实意义。

1.1.1 装配式钢结构建筑性能优点

装配式钢结构具有以下几个特点:

1. 重量轻、强度高。

由于应用钢材作承重结构,用新型建筑材料作围护结构,一般用钢结构建造的住宅重量是钢筋混凝土住宅的 1/2 左右,减小了房屋自重,从而降低了基础工程造价。由于竖向受力构件所占的建筑面积相对较小,因而可以增加住宅的使用面积。同时由于钢结构住宅采用了大开间、大进深的柱网,为住户提供了可以灵活分隔的大空间,能满足用户的不同需求。

2. 工业化程度高,符合产业化要求。

钢结构住宅的结构构件大多在工厂制作,安装方便,适宜大批量生产。这改变了传统的住宅建造方式,实现了从"建造房屋"到"制造房屋"的转变,促进了住宅产业从粗放型到集约型的转变,同时促进了生产力的发展。

3. 施工周期短。

一般三四天就可以建一层,快的只需一两天。钢结构住宅体系大多在工厂制作,在现场安装,现场作业量大为减少,因此施工周期可以大大缩短,施工中产生的噪声和扬尘,以及现场资源消耗和各项现场费用都相应减少。与钢筋混凝土结构相比,一般可缩短工期1/2,提前发挥投资效益,加快了资金周转,降低建设成本3%~5%。

4. 抗震性能好。

由于钢材是弹性变形材料,因此能大大提高住宅的安全可靠性。钢结构强度高、延性好、自重轻,可以大大改善结构的受力性能,尤其是抗震性能。从国内外震后情况来看,钢结构住宅建筑倒塌数量很少。

5. 符合建筑节能发展方向。

用钢材作框架,保温墙板作围护结构,可替代黏土砖,减少了水泥、砂、石、石灰的用量,减轻了对不可再生资源的破坏。现场湿法施工减少,施工环境较好。同时,钢材可以回收再利用,建造和拆除时对环境污染小,其节能指标可达50%以上,属于绿色环保建筑体系。

6. 推带动新技术发展。

装配式钢结构建筑的大量推广,为我国钢铁工业打开了新的应用市场,还可以带动相关新型建筑材料的研究和应用。

1.1.2 我国装配式钢结构建筑占比很小

国外钢结构发展较早,且配套比较成熟,工业化发展非常完善,在建筑中应用比较广泛。据有关媒体统计钢结构建筑在世界主要国家的占比结果(表1.1)可以看出,我国装配式钢结构建筑占比与世界上发达国家相比有着较大的差距。随着我国经济不断的发展,装配式钢结构建筑的未来应用空间很大。

表1.1 世界主要国家钢结构建筑占比 单位:%

国家	木结构	混凝土结构	钢结构
美国	35	20	45
日本	43	15	42
德国	50	22	28
澳大利亚	60	15	25
中国	5	80	15

1.1.3 钢材行业产能过剩

从2013年起,我国钢材产能利用率下降表明钢材开始出现严重的产能过剩,钢材价格持续降低。2013年起,国内钢铁的产能利用率仅为71.2%,钢铁价格持续下降,据国际钢铁工业协会统计,到2019年我国钢材产量已经达到9.28亿吨,约占世界钢材产量的51%(图1.1)。国内半数大型钢铁生产商陷入亏损,钢材市场产能远大于需求,许多企业面临着转型的压力和机遇。美国在第二次世界大战(以下简称"二战")以后,钢材产量也是严重过剩,与我国现状比较相似,其政府部门大力推进钢结构住宅的发展,取代传统的木材,为钢铁企业的发展提供较多的机会。因此,当前在我国发展装配式钢结构建筑不仅可以加快推进我国建筑工业化,还可以有效地化解钢材产能过剩。

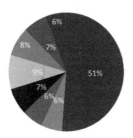

图 1.1　2019 年世界钢材产量占比

1.1.4　国家对装配式钢结构的政策支持

进入 21 世纪之后,我国开始大力提倡钢结构住宅产业化,并于 2001 年底颁布了《钢结构住宅建筑产业化技术导则》,编制了《2010 年建设事业技术政策纲要》,住房与城乡建设部科技司发布多项钢结构住宅建筑体系及关键技术研究课题,积极开展试点工程实践探索,并组织编制了《钢结构住宅设计规程》《低层轻钢装配式住宅技术要点》《轻型钢结构技术规程》等技术文件。此外,各个地方也出台多项政策来推进装配式钢结构建筑的发展,包括编制装配式钢结构有关的技术规程、建设装配式钢结构生产与示范基地以及提高装配式钢结构应用比例规定等。

此外,还大力推进保障房建设试点助力钢结构住宅落地。2012 年以来,我国保障性安居工程财政支出保持稳定增长。2015 年 11 月,国务院确定结合棚改和抗震安居工程等开展钢结构建筑试点,扩大绿色建材等使用范围。根据国家“十三五”规划,到 2020 年全国将基本完成棚户区改造任务,“十三五”期间共需要完成棚户区改造 2 000 万套。保障性安居工程建设的持续推进为钢结构住宅提供了重要的发展契机,有利于钢结构技术的持续推广,推动行业步入快速发展期。

1.1.5　装配式钢结构发展的意义

进入 21 世纪以后,我国建筑行业市场规模迅速扩大,行业增速一直处于较高水平,GDP 占比已经达到 27.44%。因此,建筑业对国民经济的发展具有重要影响。但是建筑业会产生巨大的耗能,其耗能已经是我国社会总耗能的重要组成部分,庞大的建筑耗能已经成为我国国民经济的巨大负担。有数据显示,建筑耗能一般占社会总耗能的 30%,再加上建筑材料生产过程的消耗,在社会总耗能的占比将达到 46%～47%。目前,建筑业已逐渐与工业、交通业并列,成为中国能源消耗的三大“耗能大户”之一。

建筑业对社会资源的消耗极大。我国是世界上每年新建建筑量最大的国家,每年新建面积约为 20 亿 m^2。因此,我国也是每年建筑垃圾产出最多的国家。这些垃圾在破坏环境的同时,也在其处置过程中进一步消耗大量的社会资源。我国目前的发展战略要求是要构建"资源节约型"和"环境友好型"。当前建筑产业在能源消耗大、资源浪费严重、环境扰动大、质量参差不齐等方面的严重问题,都可以通过采用和发展建筑工业化的建造模式实现产业转型和升级,实现建筑业以及其关联产业发展上的能耗和垃圾减少。

装配式钢结构具有绿色环保以及低能耗等优点,能够很好地满足我国未来的战略发展要求,因此,在当前国家的建筑工业化发展中得到大力支持和推广。2016 年,国务院颁发《国务院办公厅关于大力发展装配式建筑的指导意见》文件,要大力推广装配式建筑,加大政策支持力度,力争用 10 年左右的时间,使装配式建筑占新建建筑的比例达 30%,并积极稳妥地推广钢结构建筑。同时住房和城乡建设部(以下简称"住建部")还颁布了《装配式钢结构建筑技术标准》(GB/T 51232—2016)以促进装配式钢结构的发展。2017 年 2 月,国务院办公厅发布了《关于促进建筑业持续健康发展的意见》中再次提到大力发展装配式钢结构建筑。2019 年 3 月 27 日,住建部发布《住房和城乡建设部建筑市场监管司 2019 年工作要点》明确提出,将开展装配式钢结构住宅建设试点(浙江、山东、四川、湖南)。此次住建部建筑市场监管司工作要点的明确规划,将推动我国装配式钢结构住宅向高潮发展。2019 年 12 月 23 日,住建部党组书记、部长王蒙徽在全国住房和城乡建设工作会议上提出要大力推进钢结构装配式住宅建设试点。

在上述行业背景下,推进装配式钢结构建筑的发展也成为一个主要的热点。因此,本书将针对当前装配式钢结构建筑设计以及部分案例进行了收集整理,旨在为当前装配式钢结构的发展提供一些借鉴和参考。

1.2 装配式钢结构概念和特点

钢结构应用已经具有很长的年代,在公共建筑中得到广泛的应用,但是随着社会生产力的发展,人工成本提高以及现代化发展的要求,尤其是在住宅建筑中应用时,逐渐形成了建筑工业化生产和制作模式,因此钢结构建筑逐渐呈现出集成化设计的理念,这样也可以称为装配式钢结构建筑,从而与传统的钢结构建筑在设计理念和生产制造模式上有着较大的区别,具体可见表 1.2。

表 1.2　装配式钢结构与传统钢结构的区别

	装配式钢结构	传统钢结构
设计理念	集成化设计(主体结构体系、外围护系统、内装系统和设备管线系统)	主体结构设计
装配化特征	设计标准化、生产工厂化、施工装配化、装修一体化、管理信息化	无

	装配式钢结构	传统钢结构
主体结构	新型标准化构件、快速连接节点,注重结构体系与户型的冲突及匹配度	传统构件、现场焊接节点
围护系统	集成、安装快捷的围护墙板	二次砌筑湿作业砌块墙
内装和管线系统	多采用支撑体与填充体分离的一体化内装体系,管线分离	内装体系与结构体系不分离设备管线与结构体系不分离
产业化相关	包括建筑、结构、机电、设备、建材、部品、装修等全部专业	只涉及生产和施工

1.3 装配式钢结构的应用与发展状况

钢结构应用已经具有很长的时间,现代钢结构建筑从英国水晶宫开始,至今已有一百多年的历史,现代化的装配式钢结构建筑主要从二战之后开始发展,经历了几十年的发展,尤其是针对住宅建筑,形成了具有部品部件的产业化和工业化的主要特点。

美国是最早采用钢材建造住宅的国家之一。二战之后美国钢铁严重过剩,于是钢材代替传统的木材大规模地应用于住宅之中,使钢结构住宅得以快速发展。在此发展过程中形成以冷弯薄壁型钢结构住宅体系为主的工业化住宅。为加快该类房屋体系的应用,北美住宅房屋研究中心(NAHBRC)、美国钢铁学会(AISI)和美国城镇住房开发部(DHUD)等机构组织编制了与之对应的标准和规范。经过几十年发展,美国钢结构住宅建筑市场发育已经十分完善,住宅体系的标准化、系列化、专业化、商品化以及社会化程度很高,其特点是注重于住宅的个性化、多样化,与之相配套的结构体系也多种多样。除此之外,各种施工机械、设备等租赁化非常发达,商品化程度达到 40%。美国钢结构住宅体系个性化发展促进了钢结构住宅建筑向多样化发展,给钢结构住宅建筑的发展带来了生机。

日本的钢结构住宅建筑占住宅建筑总量的 50%左右,是世界上率先在工厂里生产住宅的国家,新建的 1~4 层住宅大多采用钢结构。早在 20 世纪 60 年代初期,日本为了解决战后的房荒问题,开始对住宅的产业化进行了研究。当时的建筑技术人员和熟练工人不足,为了提高效率和质量,日本对住宅开始实行部品化、批量化生产。为了与住宅的发展相协调还制定了许多政策和制度,20 世纪 70 年代设立了产业化住宅性能认证制度,到 20 世纪 80 年代中期设立了优良住宅部品认证制度,20 世纪 90 年代采用产业化生产方式形成住宅通用部件,截至 2006 年,日本钢产量达 1.16 亿 t,其中用于建筑的钢材约 5 000 万 t,用于住宅建筑的钢材数量也在不断增加。日本的钢结构住宅早期从国外引进并逐渐改进,形成自己的特色结构体系,其主要是以冷弯方钢管为主要承重构件的轻型钢框架结构住宅体系,得到广泛应用。在此发展过程中,日本还形成了如积水公司、松下房屋、大和房屋等多家大型的建筑企业来发展和完善钢结构住宅,每家企业都有自己特色的工业化钢结构住宅产品来推广和应用。

澳大利亚也是钢结构住宅应用比较广泛的国家。在 20 世纪 40 年代,澳大利亚采用钢材代替木材用于钢结构住宅建造,到 20 世纪 60 年代,其住宅产业化程度达到非常高的水平,20 世纪 70 年代初期澳大利亚企业成功研制出基于全镀锌高强冷弯薄壁 C 型钢代替粗糙的冷轧型钢,大大提高澳大利亚的钢结构住宅技术水平。截至 21 世纪初,装配式钢结构住宅占澳大利亚整个住宅市场份额的 8% 左右,在澳大利亚南部地区市场份额则高达 30%。澳大利亚钢结构住宅体系主要也是冷弯薄壁型钢结构住宅体系。与北美地区相比,其理念更加先进,标准化程度更高,构件截面厚度选取更薄,结构用钢量较低。

欧洲是世界上最早将金属作为建筑结构材料的地区,因此欧洲国家对钢结构住宅的应用也比较广泛。在英国,英钢联对钢结构建筑推广力度很大,新建项目钢结构占比高达 70%,设计、管理以及制作成套技术非常完善;而且近些年,模块化钢结构建筑在英国越来越多,成为其钢结构建筑发展的主要趋势。在北欧地区尤其是芬兰,钢结构住宅应用也非常广泛,在 20 世纪 60 年代,芬兰开始其城市化进程,需要建造大量的住宅,由于木材的产量有限,工业化的钢结构住宅借此机遇迅速发展起来;芬兰在北美冷弯薄壁型钢结构住宅体系上进行改进的预制单元轻型钢框架住宅得到广泛应用。

我国钢结构住宅建设起步较晚,随着我国改革开放的不断发展,20 世纪 80 年代中期,国外工业化的钢结构住宅体系开始进入国内市场,但主要用于酒店和别墅建筑。同时国内部分企业和学者也逐渐开始对装配式钢结构住宅体系开展研究和应用,但进展一直缓慢。进入 21 世纪以后,我国钢铁工业的飞速发展以及国家政策的大力支持为装配式钢结构住宅提供了良好的发展环境,有力促进了装配式钢结构住宅的发展和应用,因此我国市场上也涌现出适用于低层(建筑高度小于 10 m,建筑层数一般不大于 3 层)、多高层(建筑高度大于 10 m,建筑层数一般大于 3 层)、模块化的钢结构住宅体系。

1.4 常见的装配式钢结构体系

1.4.1 装配式钢结构-低层结构体系

由于钢结构住宅早期发展主要是应用在低层建筑,因此,低层钢结构住宅体系发展和应用已经非常成熟和广泛。常见的低层钢结构住宅体系有冷弯薄壁型钢结构住宅体系、分层装配式钢结构住宅体系以及无比钢结构住宅体系等工业化比较完善的体系。

1. 冷弯薄壁型钢结构住宅体系

冷弯薄壁型钢结构住宅体系作为传统木结构的替代品应运而生。目前这种体系已成为美国、澳大利亚等发达国家住宅建筑的重要形式,并在设计、制造和安装方面已经非常完善,其专用设计软件可在短时间内完成设计、绘图、工程量统计及工程报价;在制作上也实现了高度的标准化及产业化。该体系主要是由 C 形截面立柱和 U 型导轨通过自攻螺钉连接,是一种密肋体系;其墙体作为围护结构同时也作为结构受力构件,具体组成见图 1.2(a)所示。目前,国内多所高校学者针对该体系进行了系统的试验研究和理论分析,住建部也已于 2011 年颁布了《低层冷弯薄壁型钢房屋建筑技术规程》(JGJ 227—2011)来对其进行推广应用。该体系一般适用于二层或者三层以下独立或者联排住宅,其具有工业化工程度高、用钢量小、房屋自重比较小等特点。

(a) 冷弯薄壁型钢结构住宅体系的组成　　(b) 冷弯薄壁型钢结构住宅体系的应用

图 1.2　冷弯薄壁型钢住宅体系

2. 分层装配式钢结构住宅体系

日本大和房屋株式会社提出一种分层装配式钢结构住宅体系产品,国内学者在该体系基础上对其进行改进和相关研究并引入国内以便推广。该体系最大特点是为充分满足工业化采用了分层装配式的理念,在梁柱节点处保持梁通长、柱分层,通过端板螺栓节点形式实现梁与柱、梁与梁、梁与屋架以及柱与基础等的连接[见图 1.3(a)]。该体系主要依靠柱间交叉柔性支撑抵抗水平力,框架只承受竖向荷载而不提供抗侧力,属于支撑式钢结构[见图 1.3(b)]。王伟等学者对该体系进行了低周反复荷载和振动台试验等一系列研

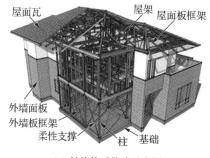
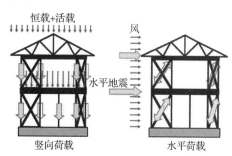

(a) 结构体系构成示意图　　　　　　(b) 结构传力途径

(c) 梁柱节点构造　　　　　　　　(d) 试点应用

图 1.3　分层装配式钢结构住宅体系

究,并给出该体系的设计方法。

3. 无比钢结构住宅体系

加拿大英特兰公司在冷弯薄壁型钢结构体系的基础上改进开发出一种无比钢结构住宅体系(图1.4)。该体系主要是采用小型桁架单元代替冷弯薄壁型钢结构住宅体系中的C型或者U型承重构件。小型桁架单元由0.8～2 mm厚冷弯薄壁方钢管和V型连接件通过自攻螺钉连接而成,其为体系中的主要受力骨架。该体系中的桁架单元与C型或者U型承重构件相比,具有抗扭性能好、结构承载力提高、内部热传递更少以及方便管线安装等特点,但该体系中的桁架单元加工制作工序较多,连接构造比较复杂。

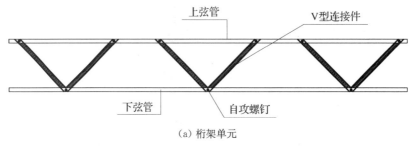

(a) 桁架单元

(b) 无比钢结构住宅体系的应用

图1.4 无比钢结构住宅体系

1.4.2 装配式钢结构-多高层结构体系

随着土地资源越来越少,人口越来越集中,多高层钢结构住宅体系符合当前我国住宅建筑发展的趋势和要求。因此,国内外许多学者和企业对多高层钢结构住宅体系不断研究和创新,发展十分迅速,提出许多新型多高层钢结构住宅体系来进行应用和推广。

1. 轻型钢框架体系

轻型钢框架体系是比较常见的结构体系,其框架梁、柱采用高频焊薄壁H型钢或热轧薄壁H型钢的薄壁截面(截面板件宽厚比较大)构件。此类构件可以通过较少的钢材实现较大的整体刚度和稳定性,但其截面板件有时不能满足设计规范的宽厚比限值要求。该体系具有较好的抗震性能,基础要求较低,且得房率较高,经济性较好等优点。该体系一般用于多层住宅或者公共建筑,见图1.5所示。

图 1.5　轻型钢框架体系的应用

2. 钢框架-支撑结构体系

钢框架-支撑结构体系(图 1.6)是多高层钢结构建筑中常见到的结构体系,受力合理,技术成熟,一般多采用方钢管或者 H 型钢柱,但是该体系支撑布置与住宅的户型多变、门洞较多存在一定的矛盾,而且随着结构高度的增加,梁柱截面选取也会逐渐增加,从而导致梁柱凸出墙体,影响建筑空间应用,因此该体系在公共建筑中应用较多,住宅建筑中应用较少。

图 1.6　钢框架-支撑结构体系

3. 钢框架-延性板结构体系

钢框架-延性板结构体系主要是指采用钢板剪力墙、带缝钢板剪力墙、组合剪力墙等延性较好的抗侧板件代替钢结构支撑的结构体系(图 1.7)。延性板代替传统的支撑作

（a）钢框架-剪力墙体系的应用　　　　　　（b）钢框架-带缝剪力墙体系的应用

图 1.7　钢框架-延性板结构体系

为结构抗侧力体系,抗震性能更好,刚度更大。该类体系主要应用抗震要求较高的公共建筑中。

4. 方钢管混凝土异形柱结构体系

天津大学陈志华等学者提出一种方钢管混凝土组合异形柱体系。该体系最大的特点是采用方钢管混凝土异形柱作为结构的主要承重构件,该柱形式是由单根方钢管混凝土柱通过缀件连接组合而成的组合结构形式,其最突出的特点是具有灵活的截面形式,可依据需要布置成 L 形、T 形和十字形[图 1.8(a)],柱截面宽度小于或等于墙体厚度,保证梁柱不凸出墙面。这种截面形式既保证了住宅的建筑空间需要,又提高了得房率。除此之外,该体系还采用分体式外环肋板梁柱节点构造形式来保证连接节点的可靠性[图 1.8(b)]。该体系已经应用于汶川援建和沧州市公共租赁房等项目[图 1.8(c)以及图 1.8(d)]。

（a）方钢管混凝土异形柱

（b）分体式外环肋板梁柱节点

（c）汶川援建项目

（d）沧州市公共租赁房项目

图 1.8　方钢管混凝土异形柱结构体系

5. 钢结构-束柱结构体系

同济大学陆烨、李国强等学者提出一种钢结构-束柱住宅结构体系。该体系的核心思想是在结构布置上用两根或多根柱组成的束柱代替单根结构柱。该类柱形式可以满足结构构件的规整布置,从而给建筑和结构设计都带来较大的自由[图 1.9(a)],既可以适应住宅建筑空间灵活可变的要求,又能够实现良好的通风、采光和户内交通组织。为了满足结构的抗侧刚度要求,还可在束柱之间加设支撑和钢板剪力墙,形成带支撑或者带钢板剪力墙的束柱[图 1.9(b)]。陆烨等学者针对该束柱单元(包括带支撑和剪力墙)进行一系列试验和理论研究,并依据试验结果给出了此类结构的抗震设计建议。

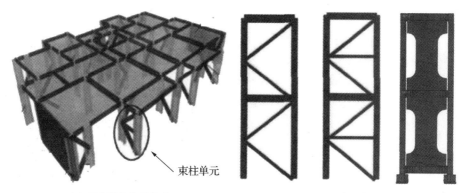

（a）束柱结构体系组成   （b）束柱单元

图 1.9　钢结构-束柱结构体系

6. 钢管混凝土组合束结构住宅体系

浙江杭萧钢构股份有限公司提出一种钢管混凝土束组合结构住宅体系。该体系采用一种钢管混凝土组合束墙代替我国高层住宅结构常用的混凝土剪力墙体系中混凝土剪力墙。钢管混凝土组合束墙体由 C 型钢连续拼接形成钢管束腔体,并在空腔之内浇筑混凝土形成。该墙体在结构中既作为承重构件也作为抗侧力构件,可布置成一字形、L 形、T形或者十字形等形式[图 1.10(a)],满足住宅的建筑和结构设计需要。浙江大学、天津大学等学者已经对该新型结构体系中的组合束墙的稳定和抗震性能进行试验和理论研究,并编制相应的《钢管混凝土束结构技术标准》(T/CECS 546—2018)进行推广。该体系已在我国杭州和包头等地区住宅项目中得到应用(图 1.10b)。

（a）钢管混凝土组合束墙构造   （b）钢管混凝土组合束结构住宅体系应用

图 1.10　钢管混凝土组合束结构住宅体系

7. 新型钢-混凝土板柱结构住宅体系

中冶建筑研究总院有限公司等单位共同研发出一种适用于高地震设防烈度地区多高层住宅的装配式钢-混凝土组合结构体系。该体系包括组合扁梁楼盖、标准化快速连接梁柱连接节点[图 1.11(a)]、钢管混凝土联肢柱[图 1.11(b)]、装饰一体化围护体系[图 1.11(c)]、装配整体式混凝土剪力墙连接构造及施工工艺等关键技术,可以实现室内无柱大空间和户

型自由分割等建筑功能。该体系已经应用于唐山市丰润区浭阳新城装配式建筑示范基地
［图 1.11(d)］。

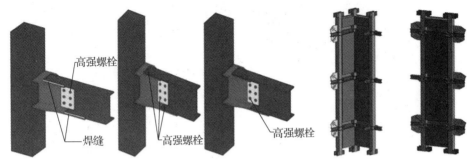

（a）可快速装配的梁柱连接节点　　　　　（b）装配式混凝土联肢柱

（c）保温-装饰一体化围护墙板　　　　（d）工程应用

图 1.11　新型钢-混凝土板柱结构住宅体系组合和应用

8. 新型桁架式多腔体钢板组合剪力墙体系

浙江东南网架股份有限公司与东南大学从当前我国高层住宅建筑结构的特点出发，联合研发出一种适用于多高层住宅建筑的桁架式多腔体钢板组合剪力墙结构体系。该体系的基本单元为桁架式多腔体钢板组合剪力墙。该墙体通过钢筋桁架连接两侧钢板，在剪力墙水平延伸的端部拼接方钢管柱进行加强，最后内灌混凝土，形成桁架式多腔体钢板组合剪力墙，具体构造如图 1.12(a)所示。桁架式多腔体钢板组合剪力墙可依据结构需要布置成一字形、十字形、L 形以及 T 形等形式。东南大学部分学者对该体系中的新型桁架式多腔体钢板组合剪力墙的稳定(图 1.12b)、强度、抗震以及抗火等性能开展一系列系统的研究。

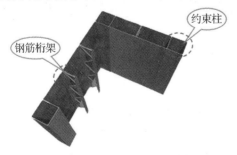 

（a）桁架式多腔体钢板组合剪力墙构造　　（b）桁架式多腔体钢板组合剪力墙试验研究

图 1.12　桁架式多腔体钢板组合剪力墙结构住宅结构体系基本单元

9. 钢结构交错桁架体系

20世纪60年代中期,美国麻省理工学院在美国钢铁公司的资助下对多种结构体系进行了研究,以期为具有狭长平面特性的高层建筑开发一种经济的结构体系,并最终提出了钢结构交错桁架结构体系这一富有想象力和高效能的钢结构体系。交错桁架由沿房屋全宽布置的全层高桁架组成,桁架沿层交替布置,且每个桁架刚好在其紧邻上下层桁架跨距的中间[图1.13(a)]。该体系早期在国外主要应用在公寓、酒店和医院等建筑,住宅中应用较少。因此,部分学者对该体系进行研究,选出与交错桁架在住宅中应用的特定交通体系以便其在住宅建筑中推广。国内湖南大学以及西安建筑科技大学等多名学者对该体系进行系统试验和理论研究,并且已编写《交错桁架钢框架结构技术规程》(CECS 323:2012)进行推广应用,目前该体系在国内已经应用于部分工程之中[图1.13(b)]。

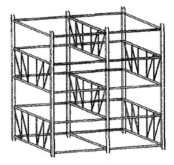

(a) 交错桁架结构体系构成　　　　(b) 交错桁架结构体系应用

图1.13　交错桁架体系

1.5　装配式钢结构-模块化结构体系

随着装配式钢结构建筑结构体系的发展,模块化建筑结构体系,由于其标准化程度高,便于集成化设计,在工厂可以对结构内部空间进行布置和装饰,因此,最近几年在国内外建筑中都得到越来越多的应用。装配式钢结构-模块化结构体系一般可以分为全模块化建筑结构体系、模块单元与传统结构体系的复合体系,其中全模块化建筑结构体系主要用于低多层建筑,而模块单元与传统结构体系的复合体系可以用于高层建筑结构体。该体系主要用于公共建筑中,但是随着技术的发展,部分住宅和公寓项目也开始采用装配式钢结构-模块化结构体系。该体系的工程应用可见图1.14。

1.6　装配式钢结构设计特点

传统的钢结构设计一般都是各个专业独立设计,但装配式钢结构设计不仅仅考虑结构本身设计,需要系统全面地考虑建筑、结构、水暖电以及内装等专业,从而进行协同设计,具体归纳总结两者的区别如下(图1.15):

（a）全模块化建筑结构体系应用　　　（b）模块单元与传统结构体系的复合体系应用

图 1.14　装配式钢结构-模块化结构体系应用

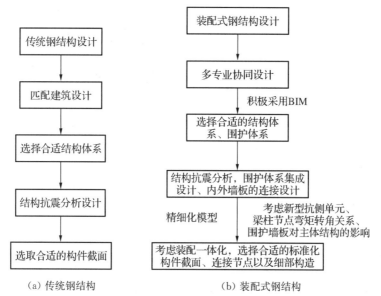

（a）传统钢结构　　　　　　　　（b）装配式钢结构

图 1.15　传统钢结构设计与装配式钢结构设计区别

　　由于装配式钢结构设计与传统钢结构相比，在概念上有较大的变化，因此，其设计的过程和覆盖范围也有所不同。装配式钢结构建筑虽然在我国发展多年，但是应用依然有限，所以，对装配式钢结构建筑设计比较熟悉的工程师还比较匮乏。为了推动钢结构建筑产业化的发展，必须尽快培养一批合格的能够担负起装配式钢结构建筑的设计人员，即本书的主要任务。

2 装配式钢结构设计基本要求

装配式钢结构建筑应坚持标准化设计、工厂化生产、装配化施工、一体化装修、信息化管理和智能化应用,提高技术水平和工程质量,实现功能完整的建筑产品。

装配式钢结构建筑由结构系统、围护系统、内装系统、设备和管线系统组合集成,应按照通用化、模数化、标准化的要求,用系统集成的方法统筹设计、生产、运输、施工和运营维护,实现全过程的一体化。装配式钢结构建筑应遵守模数协调和少规格、多组合的原则,在标准化设计的基础上实现系列化和多样化。应采用适用的技术、工艺和装备机具,进行工厂化生产,建立完善的生产质量控制体系,提高部品构件的生产精度,保障产品质量。

装配式钢结构建筑应综合协调建筑、结构、机电、内装,制订相互协同的施工组织方案,采用适用的技术、设备和机具,进行装配式施工,保证工程质量,提高劳动效率。装配式钢结构建筑宜运用建筑信息化技术,实现全专业、全产业链的信息化管理。装配式钢结构建筑宜基于人工智能、互联网和物联网等技术,实现智能化应用,提升建筑使用的安全、便利、舒适和环保等性能。装配式钢结构建筑应进行技术策划,以统筹规划设计、构件部品生产、施工安装和运营维护全过程,对技术选型、技术经济可行性和可建造性进行评估。按照保障安全、提高质量、提升效率的原则,确定可行的技术配置和适宜经济的建设标准。装配式钢结构建筑应采用绿色建材和性能优良的系统化部品构件,因地制宜,采用适宜的节能环保技术,积极利用可再生能源,提高建设标准,提升建筑使用性能。装配式钢结构建筑宜发挥结构优势,采用大柱距布置方式,满足建筑全寿命期的空间适应性要求。装配式钢结构建筑应合理考虑钢结构构件防火、防腐要求,遵守可靠性、安全性和耐久性等有关规定。

2.1 建筑设计一般规定

2.1.1 一般规定

装配式钢结构建筑设计为满足建筑工业化的要求,其建筑设计一般有以下规定:

1. 装配式钢结构建筑应以建筑系统集成的方法统筹建筑全寿命期的规划设计、生产运输、施工安装、维护更新的全过程。

2. 装配式钢结构建筑应以部品构件为基础,将结构系统、外围护系统、内装系统、设备和管线系统集成为适用美观的建筑。

3. 装配式钢结构建筑应采用模数和模数协调的方式进行设计、生产和装配。

4. 装配式钢结构建筑应综合协调给水、排水、电气、燃气、供暖、通风、空调等设备系统设计,考虑安全运行和维修管理等要求。

2.1.2 装配式钢结构建筑性能一般要求

装配式钢结构建筑应在建筑全寿命周期内满足适用性能、环境性能、经济性能、安全性能、耐久性能等综合要求,以提高建筑性能和建筑质量。除此之外,应综合考虑钢结构的材料特点,满足防火、防腐、隔声、热工及楼盖舒适度等要求。

1. 装配式钢结构建筑的防火性能应符合现行国家标准《建筑设计防火规范》(GB 50016—2014)以及《建筑钢结构防火技术规范》(GB 51249—2017)的规定。应在钢结构外表面涂敷或包覆不燃烧的防火材料,在钢管内部也可灌注混凝土等材料,延长钢构件的耐火极限。

2. 建筑钢结构应根据环境条件、材质、结构形式、使用要求、施工条件和维护管理条件等进行防腐蚀设计,应符合现行行业标准《建筑钢结构防腐蚀技术规程》(JGJ/T 251—2011)的规定。

3. 装配式钢结构建筑的隔声性能应符合现行国家标准《民用建筑隔声设计规范》(GB 50118—2010)的规定。在钢构件可能形成声桥的部位,应采用隔声材料或重质材料填充或包覆,使相邻空间隔声指标达到设计标准。

4. 装配式钢结构建筑的热工性能应符合现行国家标准《民用建筑热工设计规范》(GB 50176—2016)的规定,并满足下列要求:

(1) 外墙保温层宜设置在钢构件外侧,当钢构件外侧保温材料厚度受限制时,应进行露点验算;应采取措施减少热桥。当无法避免时,应使热桥部位内表面温度不低于室内空气露点温度。

(2) 严寒地区、寒冷地区、夏热冬冷地区的围护结构保温层内侧宜设置隔汽层。

5. 装配式钢结构建筑应考虑楼盖的自振频率,楼盖舒适度应符合国家现行标准《混凝土结构设计规范》[GB 50010—2010(2015年版)]、《高层建筑混凝土结构技术规程》(JGJ 3—2010)以及《建筑楼盖结构振动舒适度技术标准》(JGJ/T 441—2019)的有关规定。

2.1.3 模数设计

装配式钢结构建筑设计应充分考虑构件、配件的模数化和标准化,应以通用化的构配件和设备进行模数协调。模数协调应符合国家现行标准《住宅建筑模数协调标准》(GB/T 50100—2001)的规定。厨房、卫生间设计应符合行业现行标准《住宅厨房模数协调标准》(JGJ/T 262—2012)和《住宅卫生间模数协调标准》(JGJ/T 263—2012)的规定。

建筑设计应采用基本模数或扩大模数数列,并应符合下列规定:

1. 开间与柱距、进深与跨度、门窗洞口宽度等水平方向宜采用水平扩大模数数列

$2n$M、$3n$M，n 为自然数。

2. 层高和门窗洞口高度等垂直方向宜采用竖向扩大模数数列 nM。

3. 梁、柱等部件的截面尺寸宜采用竖向扩大模数数列 nM。

4. 构造节点和部品部(构)件的接口尺寸等宜采用分模数数列 nM/2、nM/5、nM/10。

5. 当装配式异形束柱钢结构住宅中的部分构配件难于符合模数化要求时，可在保证主要构件的模数化和标准化的条件下，通过插入非模数化部件进行协调。

2.1.4　标准化设计

装配式钢结构建筑应在模数协调的基础上，采用标准化的设计方法，提高模块、部品构件的重复使用率及通用性，满足工厂加工、现场装配的要求。

建筑单体标准化设计是对相似或相同体量、功能、机电系统和结构形式的建筑物采用标准化的设计方式。

功能模块标准化设计是对建筑单体中具有相同或相似功能的建筑空间及其组成构件(如住宅厨房、卫生间、楼电梯等)时进行标准化设计。

部品构件的标准化设计采用标准化的预制工业化构件，形成具有一定功能的建筑部品系统，如储藏系统、整体厨房、整体卫浴、地板系统等。标准化的通用构件包括可在工厂内进行规模化生产的结构和围护构件，如墙板、梁、柱、楼板、楼梯、隔墙板等。

功能相同、相近建筑空间的层高宜统一，实现外墙、内墙、楼梯、门窗等竖向构件的尺寸标准统一。

装配式钢结构建筑宜优先采用标准化的集成式厨房与集成式卫浴，减少内装部品(集成式卫生间、集成式厨房、整体收纳等)的规格，提高复用率，提高耐久性，便于维护维修。

设备与管线系统宜选用工厂化的部品构件组合集成，减少规格，标准化接口、工厂化生产、装配化施工。

2.1.5　建筑平面与空间设计

装配式钢结构建筑平面设计应符合下列要求：

1. 布局宜与结构布置、部品构件选型相协调。

2. 平面几何形状宜规则平整，宜以连续柱跨为基础布置，柱距尺寸按模数统一。

3. 楼电梯交通核及设备管井等宜独立集中设置。

4. 机电设备管线平面布置应避免交叉。

5. 房间分隔应与结构柱网设置相契合。

6. 应合理选用抗侧力构件形式、合理布置抗侧力构件位置，以减少对使用功能、立面造型及门窗开启的影响。

2.2　结构设计一般规定

2.2.1　装配式钢结构建筑的结构设计应符合下列规定

1. 装配式钢结构建筑的结构设计应符合现行国家标准《工程结构可靠性设计统一标准》(GB 50153—2008)的规定,结构的设计使用年限不应少于 50 年,其安全等级不应低于二级。

2. 装配式钢结构建筑,应按现行国家标准《建筑工程抗震设防分类标准》(GB 50223—2008)的规定确定其抗震设防类别,并应按照现行国家标准《建筑抗震设计规范》(GB 50011—2010)进行抗震设防设计。

3. 装配式钢结构建筑荷载和效应的标准值、荷载分项系数、荷载效应组合、组合值系数应符合现行国家标准《建筑结构荷载规范》(GB 50009—2012)的规定。

4. 装配式钢结构的结构构件设计应符合现行国家标准《钢结构设计标准》(GB 50017—2017)、《装配式钢结构建筑技术标准》(GB/T 51232—2016)、《钢管混凝土结构技术规范》(GB 50936—2014)以及行业标准《装配式钢结构住宅建筑技术标准》(JGJ/T 469—2019)、《高层民用建筑钢结构技术规程》(JGJ 99—2015)的规定。

钢材的选用应综合考虑构件的重要性和荷载特征、结构形式和连接方法、应力状态、工作环境以及钢材品种和厚度等因素,合理地选用钢材牌号、质量等级及其性能要求,并应在设计文件中完整地注明对钢材的技术要求。在工程需要时,可采用耐候钢、耐火钢、高强钢等高性能钢材。

2.2.2　装配式钢结构建筑的结构体系应符合下列规定

1. 应具有明确的计算简图和合理的地震作用传递途径。
2. 应具有必要的承载能力和刚度,良好的变形和消耗地震能量的能力。
3. 应避免因部分结构或构件的破坏而导致整个结构丧失承载能力。
4. 对可能出现的薄弱部位,应采取有效的加强措施。

2.2.3　装配式钢结构建筑的结构布置应符合下列要求

1. 结构平面布置宜规则、对称、应尽量减少因刚度、质量不对称造成结构扭转。
2. 结构的竖向布置宜保持刚度、质量变化均匀,避免出现突变和薄弱层。
3. 结构布置考虑温度作用、地震作用、不均匀沉降等因素,需设置伸缩缝、抗震缝、沉降缝时,要满足伸缩、抗震与沉降的功能要求。
4. 结构布置应与建筑功能相协调,大开间或跃层时的柱网布置,支撑、剪力墙等抗侧力构件的布置,次梁的布置等,均宜经比选、优化并与建筑设计协调确定。

2.2.4 适用范围

装配式钢结构建筑适用的最大高度见表2.1。

表2.1 装配式钢结构适用的最大高度 单位:m

结构体系	抗震设防烈度					
	6度 (0.05g)	7度 (0.10g)	7度 (0.15g)	8度 (0.20g)	8度 (0.30g)	9度 (0.40g)
钢框架	110	110	90	90	70	50
钢框架-中心支撑	220	220	200	180	150	120
钢框架-偏心支撑 钢框架-屈曲约束支撑 钢框架-延性墙板	240	240	220	200	180	160
筒体(框筒、筒中筒、桁架筒、束筒)巨型框架	300	300	280	260	240	180
交错桁架	90	60	60	40	40	

注:1. 房屋高度指室外地面到主要屋面板板顶的高度(不包括局部凸出屋顶部分)。
 2. 超过表内高度的房屋,应进行专门研究和论证,采取有效的加强措施。
 3. 交错桁架结构不得用于9度区。
 4. 表格中数据适用于整体式楼板的情况。
 5. 表中适用于钢柱或钢管混凝土柱。
 6. 表内筒体不包括混凝土筒。

2.3 地震作用效应及效应组合

装配式钢结构的承重构件,应按承载力极限状态和正常使用极限状态进行设计。荷载、地震作用及荷载效应组合应按现行国家标准《建筑结构荷载规范》(GB 50009—2012)和《建筑抗震设计规范》(GB 50011—2010)的有关规定进行计算。

地震作用下,装配式内力可采用弹性的计算方法;应用于中高层结构时,在地震作用组合下的内力和位移应按下列两阶段进行计算:

1. 第一阶段:在多遇地震作用下的弹性分析,验算构件承载力和弹性层间侧移。

2. 第二阶段:在罕遇地震作用下的弹塑性分析,验算结构的弹塑性侧移和侧移延性比。此时,材料的屈服强度和抗拉强度应采用标准值。

2.3.1 结构在多遇地震和罕遇地震下的阻尼比可按下列规定

1. 对于钢框架或钢框架-支撑结构,在多遇地震作用下的阻尼比,高度不大于50 m时可取0.04;高度大于50 m且不大于200 m时,可取0.03;大于200 m时,取0.02。

2. 对于钢框架或钢框架-延性板结构,在多遇地震作用下的阻尼比,高度不大于50 m时可取0.04;高度大于50 m且不大于100 m时,可取0.035;大于100 m且不大于

250 m 时取 0.03～0.02。

3. 对于各类结构,在罕遇地震下的弹塑性分析,阻尼比可取 0.05。

2.3.2 采用静力弹塑性分析方法进行结构弹塑性分析时,应符合下列规定

1. 可在结构的各主轴方向分别施加单向水平力;水平力可作用在各层楼盖的质心位置,不考虑偶然偏心作用。

2. 结构的每个主轴方向宜采用不少于两种水平力分布模式,其中一种宜与振型分解反应谱法得到的水平力分布模式相同。

2.3.3 地震作用荷载计算

1. 计算原则

装配式钢结构建筑的地震作用荷载可采用以下计算原则:

(1) 高度不超过 40 m、以剪切变形为主且质量和刚度沿高度分布比较均匀的结构,以及近似单质点体系的结构,可采用底部剪力法等简化方法。

(2) 除 1 款外的建筑结构,宜采用振型分解反应谱法。

(3) 特别不规则的建筑,甲类建筑和表 2.2 中所列高度范围内的高层建筑,应采用时程分析法进行多遇地震下的补充计算;当取三组加速度时程曲线输入时,计算结果宜取时程法的包络值和振型分解反应谱法的较大值;当取七组以及七组以上的时程曲线时,计算结果可取时程法的平均值和振型分解反应谱法的较大值。

表 2.2 采用时程分析的房屋高度范围

烈度、场地类别	房屋高度范围/m
8 度Ⅰ、Ⅱ类场地和 7 度	>100
8 度Ⅲ、Ⅳ类场地	>80
9 度	>60

计算地震作用时,建筑的重力荷载代表值应取结构和构配件自重标准值和各可变荷载组合值之和。各可变荷载的组合值系数,应按表 2.3 采用。

表 2.3 荷载组合值系数

可变荷载种类		组合值系数
雪荷载		0.5
屋面积灰荷载		0.5
屋面活荷载		不计入
按实际情况计算的楼面活荷载		1.0
按等效均布荷载计算的楼面活荷载	藏书库/档案库	0.8
	其他民用建筑	0.5
起重机悬吊物重力	硬钩吊车	0.3
	软钩吊车	不计入

建筑结构的地震影响系数应根据烈度、场地类别、设计地震分组和结构自振周期以及阻尼比确定。其水平地震影响系数最大值应按表 2.4 采用;特征周期应根据场地类别和设计地震分组按表 2.5 采用,计算罕遇地震作用时,特征周期应增加 0.05 s。

表 2.4　水平地震影响系数最大值

地震影响	6 度	7 度	8 度	9 度
多遇地震	0.04	0.08(0.12)	0.16(0.24)	0.32
罕遇地震	0.28	0.50(0.72)	0.90(1.20)	1.40

注:括号中数值分别用于设计基本地震加速度为 $0.15g$ 和 $0.30g$ 的地区。

表 2.5　特征周期和设计分组　　　　　　　　　　　　　　　　单位:s

设计地震分组	场地类别				
	I_0	I_1	II	III	IV
第一组	0.20	0.25	0.35	0.45	0.65
第二组	0.25	0.30	0.40	0.55	0.75
第三组	0.30	0.35	0.45	0.65	0.90

建筑结构地震影响系数曲线(图 2.1)的阻尼调整和形状参数应符合下列要求:

除有专门规定外,建筑结构的阻尼比应取 0.05,地震影响系数曲线的阻尼调整系数应按 1.0 采用,形状参数应符合下列规定:

① 直线上升段,周期小于 0.1 s 的区段。

② 水平段,自 0.1 s 至特征周期区段,应取最大值(α_{max})。

③ 曲线下降段,自特征周期至 5 倍特征周期区段,衰减指数应取 0.9。

④ 直线下降段,自 5 倍特征周期至 6 s 区段,下降斜率调整系数应取 0.02。

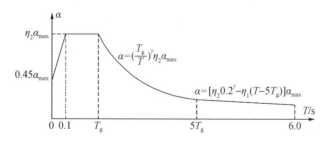

图 2.1　地震影响系数曲线

图中:α——地震影响系数;

　　　α_{max}——地震影响系数最大值;

　　　γ——衰减系数;

　　　η_1——直线下降段的下降斜率调整系数;

　　　η_2——阻尼调整系数;

T——结构自振周期(s);

T_g——特征周期(s)(表2.5)。

2. 计算方法

(1) 底部剪力法计算水平地震作用

当采用底部剪力法时,计算见图2.2。

各楼层可仅取一个自由度,结构的水平地震作用标准值应按照式(2.1)~式(2.3)确定。

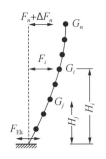

$$F_{Ek} = \alpha_1 G_{eq} \tag{2.1}$$

$$F_i = \frac{G_i H_i}{\sum\limits_{j=1}^{n} G_j H_j} F_{Ek}(1-\delta_n) \quad (i=1,2,\cdots,n) \tag{2.2}$$

图2.2 底部剪力法计算简图

$$\Delta F_n = \delta_n F_{Ek} \tag{2.3}$$

式中:F_{Ek}——结构总水平地震作用标准值;

α_1——相应于结构基本自振周期的水平地震影响系数值;

G_{eq}——结构等效总重力荷载,单质点应取总重力荷载代表值,多质点可取总重力荷载代表值的85%;

F_i——质点 i 的水平地震作用标准值;

G_i、G_j——分别为集中于质点 i、j 的重力荷载代表值;

H_i、H_j——分别为质点 i、j 的计算高度;

δ_n——顶部附加水平地震作用系数。

(2) 振型分解反应谱法计算水平地震作用

当采用振型分解反应谱方法按 x 和 y 两个主轴方向分别验算只考虑平移方向的振型时,一般考虑3个振型,较不规则的结构考虑6个振型。对于不考虑扭转偶联振动影响的结构,第 j 个振型在第 i 个质点上产生的水平地震作用标准值应按式(2.4)、式(2.5)计算:

$$F_{ji} = \alpha_j \gamma_j X_{ji} G_i \quad (i=1,2,\cdots,n; j=1,2,\cdots,m) \tag{2.4}$$

$$\gamma_j = \frac{\sum\limits_{i=1}^{n} X_{ji} G_i}{\sum\limits_{i=1}^{n} X_{ji}^2 G_i} \tag{2.5}$$

式中:F_{ji}——第 j 振型第 i 个质点的水平地震作用标准值;

α_j——相当于第 j 振型自振周期的地震影响系数;

X_{ji}——第 j 振型第 i 个质点的相对位移;

γ_j——第 j 振型参与系数;

G_i——集中于第 i 个质点的重力荷载代表值。

水平地震作用产生的效应(弯矩、剪力、轴向力和变形),当相邻振型的周期比小于0.85时,可按平方和平方根法进行组合,求得总效应为:

$$S_{Ek} = \sqrt{\sum_{j=1}^{m} S_j^2} \qquad (2.6)$$

式中：S_{Ek}——水平地震作用标准值的效应；

m——振型个数；

S_j——第 j 振型的水平地震作用标准值的效应，可只取前 2~3 个振型，当基本自振周期大于 1.5 s 或者房屋高宽比大于 5 时，振型个数应适当增加。

2.3.4　荷载效应组合

按照概率统计和可靠度理论把各种荷载效应按一定规律加以组合，就是荷载组合效应。一般用途的建筑结构承受的竖向荷载有结构、填充墙、装修等自重（永久荷载）和楼面使用荷载、雪荷载等（可变荷载），水平荷载与风荷载及地震作用。各种荷载可能同时出现在结构上，但是出现的概率不同，从而导致有不同的荷载组合效应。

2.3.5　地震作用组合效应

在抗震设计状况下，当作用与作用效应按线性关系考虑时，荷载与地震作用基本组合的效应设计值应按式(2.7)确定：

$$S = \gamma_G S_{GE} + \gamma_{Eh} S_{Ehk} + \gamma_{Ev} S_{Evk} + \psi_w \gamma_w S_{wk} \qquad (2.7)$$

式中：S——荷载与地震作用组合的效应设计值；

S_{GE}——重力荷载代表值的效应；

S_{Ehk}——水平地震作用标准值的效应，应乘相应的增大系数或调整系数；

S_{Evk}——竖向地震作用标准值的效应，应乘相应的增大系数或调整系数；

S_{wk}——风荷载标准值的效应；

γ_G——重力荷载分项系数；

γ_w——风荷载分项系数；

γ_{Eh}——水平地震作用分项系数，见表 2.6 所示；

γ_{Ev}——竖向地震作用分项系数，见表 2.6 所示；

ψ_w——风荷载的组合值系数，应取 0.2。

表 2.6　地震作用分项系数

地震作用	γ_{Eh}	γ_{Ev}
仅计算水平地震作用	1.3	0.0
仅计算竖向地震作用	0.0	1.3
同时计算水平与竖向地震作用（水平地震作用为主）	1.3	0.5
同时计算水平与竖向地震作用（竖向地震作用为主）	0.5	1.3

2.3.6　竖向荷载

竖向荷载主要包括永久荷载和活荷载两种。

其中永久荷载又称恒荷载，包括结构本身的自重以及附加于结构上的各种永久荷载，如墙板的自重，玻璃幕墙以及各质量、各种外装饰面的材料质量、楼面的找平质量、吊在楼面下的各种设备管道质量等。结构自重和构造层重的标准值计算，可按照施工图纸的设计尺寸和材料的单位体积、面积或长度的质量，经计算直接确定。

活荷载主要是指建筑物中的人群、家具、设施等产生的重力作用，这些荷载的量值随时间发生变化，位置也是可以移动的，又称可变荷载。作用在楼面上的活荷载不可能以标准值的大小均匀布置在所有楼面上，因此在设计梁、墙、柱和基础时，还需要考虑实际荷载沿楼面布置的变异情况，即在确定梁、墙、柱和基础的荷载标准值时，应按楼面荷载标准值乘折减系数。

装配式钢结构中屋面均布活荷载标准值、组合值系数、频遇值系数、准永久值系数可见《建筑结构荷载规范》(GB 50009—2012)中有关规定。此外，设计时应注意屋面活荷载不应与雪荷载同时考虑。

3 装配式钢结构-低层体系结构设计

3.1 装配式钢结构-低层结构体系

装配式钢结构-低层结构体系相对来说比较成熟,尤其在国外,已广泛应用在住宅中,成为一种高度集成化、标准化的体系。目前常见的主要有冷弯薄壁型钢结构体系、分层装配式钢结构住宅体系和传统的钢框架结构体系,也可均称轻型钢结构体系。冷弯薄壁型钢结构体系在低层钢结构中应用占大多数,分层装配式钢结构住宅体系由于其施工的安装便利性,成为未来发展的一个趋势。因此,本章将主要对冷弯薄壁型钢结构住宅体系以及分层装配式钢结构体系两种具有代表性的装配式钢结构-低层结构体系进行介绍。

3.2 装配式钢结构-低层结构体系的一般规定

3.2.1 冷弯薄壁型钢结构住宅体系的一般规定

1. 冷弯薄壁型钢结构住宅体系采用的钢材宜为 Q235 钢或 Q355 钢,其质量应分别符合现行国家标准《碳素结构钢》(GB/T 700—2006)和《低合金高强度结构钢》(GB/T 1591—2018)的规定。当采用其他牌号的钢材时,应符合相应的规定和要求。轻钢结构采用的钢材应具有抗拉强度、伸长率、屈服强度以及硫、磷含量的合格保证。焊接承重结构的钢材应具有碳含量的合格保证和冷弯试验的合格保证。有抗震设防要求的承重结构钢材的屈服强度实测值与抗拉强度实测值的比值不应大于 0.85。伸长率不应小于 20%。钢材的强度设计值和物理性能指标应按现行国家标准《钢结构设计标准》(GB 50017—2017)和《冷弯薄壁型钢结构技术规范》(GB 50018—2002)的有关规定采用。用于承重结构的冷弯薄壁型钢的带钢或钢板,应具有抗拉强度、伸长率、屈服强度、冷弯试验和硫、磷含量的合格保证;焊接结构应具有碳含量的合格保证。冷弯薄壁型钢材的强度设计值具体见表 3.1。

2. 普通螺栓应符合现行国家标准《六角头螺栓 C 级》(GB/T 5780—2016)的规定,其机械性能应符合现行国家标准《紧固件机械性能螺栓、螺钉和螺柱》(GB/T 3098.1—2010)的规定。高强度螺栓应符合现行国家标准《钢结构用高强度大六角头螺栓、大六角螺母、垫圈技术条件》(GB/T 1231—2006)或《钢结构用扭剪型高强度螺栓连接副》(GB/T 3632—2008)的规定。连接薄钢板或其他金属板采用的自攻螺钉应符合现行国家标准《自钻自攻螺钉》(GB/T 15856.1～15856.4—2002、GB/T 3098.11—2002)或《自攻螺栓》(GB/T 5282～5285)的规定。

表 3.1　冷弯薄壁型钢材的强度设计值

钢材牌号	钢材厚度 t/mm	屈服强度 f_y/(N/mm²)	抗拉、抗压和抗弯 f/(N/mm²)	抗剪 f_v/(N/mm²)	端面承压(磨平顶紧) f_e/(N/mm²)
Q235	$t \leqslant 2$	235	205	120	310
Q355	$t \leqslant 2$	345	300	175	400
LQ550	$t < 0.6$	530	455	260	—
	$0.6 \leqslant t \leqslant 0.9$	500	430	250	
	$0.9 < t \leqslant 1.2$	465	300	230	
	$1.2 < t \leqslant 1.5$	420	360	210	

3.2.2　分层装配式钢结构体系的一般规定

1. 分层装配支撑钢框架结构采用钢材牌号规定与冷弯薄壁型钢结构住宅体系一致。当采用其他牌号的钢材时,应符合相应的规定和要求。当对房屋结构有震后功能可恢复性能要求时,柱宜优先采用 Q390 钢、Q420 钢、Q460 钢。分层装配支撑钢框架结构采用的钢材应具有屈服强度、抗拉强度、断后伸长率和硫、磷含量的合格保证。钢材的强度设计值和物理性能指标也与冷弯薄壁型钢结构住宅体系一致,此处不再赘述。焊接承重结构的钢材应具有碳含量的合格保证和冷弯试验的合格保证。对需充分发展塑性的支撑变形集中段及有相同塑性变形能力要求的构件,其所用钢材应符合以下规定:

(1) 钢材的实测屈强比不应大于 0.85;

(2) 钢材应有明显的屈服台阶,且伸长率不应小于 20%。

2. 结构按承载能力极限状态和正常使用极限状态设计时,荷载效应组合应符合现行国家标准《建筑结构荷载规范》(GB 50009—2012)的规定,抗震设防烈度为 6 度及以上地区的结构,应符合现行国家标准《建筑抗震设计规范》(GB 50011—2010)的规定。

3. 按正常使用极限状态设计时,楼层相对变形不宜大于层高的 1/250。

4. 分层装配支撑钢框架房屋结构体系须符合下列规定:

(1) 应满足第 2 章中结构设计的一般规定。

(2) 当采用柔性支撑时,应采用可施加预紧力的高延性柔性支撑。

(3) 对可能出现的薄弱部位,应采取有效的加强措施。

5. 分层装配支撑钢框架房屋应优先采用工厂化生产、装配化施工的构件和部品,采取减少现场焊接、湿作业的技术措施,宜采用全装修方式。

6. 分层装配支撑钢框架房屋的最大层数和高度应符合表 3.2 的规定,其单层最大高度不宜超过 4 m。

表 3.2 分层装配式体系

建筑设计控制参数	抗震设防烈度		
	6 度—7 度	8 度	9 度
层数	6	4	3
高度/m	24	15	12

7. 分层装配式钢结构建筑设计

（1）分层装配支撑钢框架房屋一般规定

分层装配支撑钢框架房屋应在建筑方案设计阶段进行整体策划,统筹建筑设计、构件部品生产、施工建造和运营维护的协同。

分层装配支撑钢框架房屋建筑设计应采用标准化设计方法,选用标准化、系列化参数尺寸的主体构件和内装部品,以少规格、多组合的原则进行设计。

分层装配支撑钢框架房屋建筑设计宜采用建筑结构与内装、设备、管线等系统相分离的方式。

（2）分层装配支撑钢框架房屋平面与空间设计

分层装配支撑钢框架房屋平面与空间设计可在标准化基础上,将建筑单元作为基本模块进行设计,并满足多样化要求。并宜将用水空间集中布置,并结合功能和管线要求,合理确定厨房和卫浴的位置。全装配房屋优先采用整体厨房和整体卫浴。分层装配支撑钢框架房屋户外设备及管线的布置应集中紧凑,可设置在共用空间部位。

分层装配支撑钢框架房屋应结合结构体系特点和建筑布置,设计交叉支撑的设置部位及墙体的厚度。

（3）分层装配支撑钢框架房屋协同设计

分层装配支撑钢框架房屋建筑设计应采用协同设计的方法,满足装配式建造全过程整体性和系统性的要求。宜采用建筑信息模型技术,将房屋建筑的各个子系统进行集成化设计和布局,将设计信息与构件部品工厂生产、施工安装和运营维护等环节有效衔接。

3.3 装配式钢结构-低层结构设计要求

3.3.1 冷弯薄壁型钢结构住宅体系的设计要求

1. 冷弯薄壁型钢承重结构应按承载能力极限状态和正常使用极限状态进行设计,以概率理论为基础的极限状态设计方法,以分项系数设计表达式进行计算。

2. 结构构件的受拉强度应按净截面计算;受压强度应按有效净截面计算;稳定性应按有效截面计算;变形和各种稳定系数均可按毛截面计算。

3. 按承载能力极限状态设计冷弯薄壁型钢结构,应考虑荷载效应的基本组合,必要时应考虑荷载效应的偶然组合,采用荷载设计值和强度设计值进行计算。荷载设计值等于荷载标准值乘荷载分项系数;强度设计值等于材料强度标准值除以抗力分项系数,冷弯薄壁型钢结构的抗力分项系数 $R=1.165$。

4. 低层冷弯薄壁型钢房屋建筑设计宜避免偏心过大或在角部开设洞口(图 3.1)。当偏心较大时,应计算由偏心而导致的扭转对结构的影响。

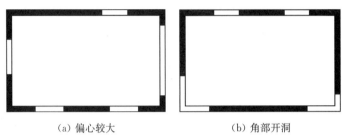

(a) 偏心较大   (b) 角部开洞

图 3.1 不宜采用的建筑平面示意图

5. 抗剪墙体在建筑平面和竖向宜均衡布置,在墙体转角两侧 900 mm 范围内不宜开洞口;上、下层抗剪墙体宜在同一竖向平面内;当抗剪内墙上下错位时,错位间距不宜大于 2.0 mm。

6. 在设计基本地震加速度为 0.3g 及以上或基本风压为 0.70 kN/m² 及以上的地区,低层冷弯薄壁型钢房屋建筑和结构布置应符合下列规定:

(1) 与主体建筑相连的毗屋应设置抗剪墙,如图 3.2(a)所示。

(2) 不宜设置如图 3.2(b)所示的退台。

(3) 由抗剪墙所围成的矩形楼面或屋面的长度与宽度之比不宜超过 3。

(4) 抗剪墙之间的间距不应大于 12 m。

(5) 平面凸出部分的宽度小于主体宽度 2/3 时,凸出长度不宜超过 1 200 mm(图 3.3),超过时,凸出部分与主体部分应各自满足《低层冷弯薄壁型钢房屋建筑技术规程》(JGJ 227—2011)关于抗剪墙体长度的要求。

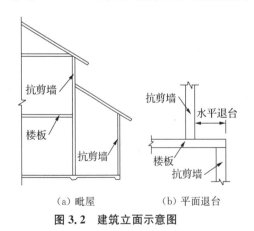

(a) 毗屋   (b) 平面退台

图 3.2 建筑立面示意图

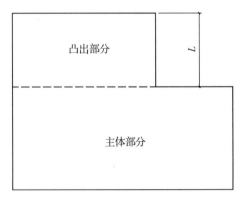

图 3.3 平面凸出示意图

7. 外围护墙设计应符合下列规定:

(1) 应满足国家现行有关标准对节能的要求。

（2）与主体钢结构应有可靠的连接。

（3）应满足防水、防火、防腐要求。

（4）节点构造和板缝设计，应满足保温、隔热、隔声、防渗要求，且坚固耐久。

8. 隔墙设计应符合下列规定：

（1）应有良好的隔声、防火性能和足够的承载力。

（2）应便于埋设各种管线。

（3）门框、窗框与墙体连接应可靠，安装应方便。

（4）分室墙宜采用轻质墙板或冷弯薄壁型钢石膏板墙，也可采用易拆型隔墙板。

9. 抗剪墙体应布置在建筑结构的两个主轴方向，并应形成抗风和抗震体系。水平风荷载作用下，墙体立柱垂直于墙面的横向弯曲变形与立柱长度之比不得大于 1/250。由水平风荷载标准值或多遇地震作用标准值产生的层间位移与层高之比不应大于 1/300。

10. 冷弯薄壁型钢构件常用的截面类型可采用图 3.4 和图 3.5 所示截面。

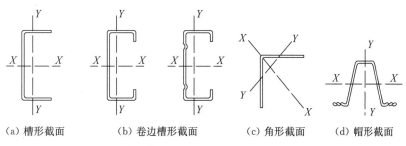

| （a）槽形截面 | （b）卷边槽形截面 | （c）角形截面 | （d）帽形截面 |

图 3.4　冷弯薄壁型钢构件常用的单一截面类型

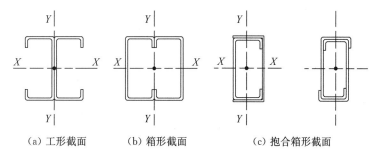

| （a）工形截面 | （b）箱形截面 | （c）抱合箱形截面 |

图 3.5　冷弯薄壁型钢构件常用的拼合截面类型

11. 冷弯薄壁型钢墙体即为承重构件也作为围护构件，为该体系的主要组成部件，主要由立柱、顶导梁和底导梁、支撑、拉条和撑杆、墙体结构面板等部件组成，具体可以参见图 3.6。非承重墙可不设置支撑、拉条和撑杆。墙体立柱的间距宜为 400～600 mm。此外，墙体及其构件的强度、刚度、稳定均应满足设计要求。

一、承重墙的要求

1. 承重墙连接的螺钉规格、形式及数量应满足表 3.3 的要求，承重墙构造见图 3.7。承重墙顶梁与底梁钢材壁厚应不小于柱的壁厚。墙体可以直接与基础连接，也可以通过底梁的形式与基础连接，具体构造可以参考图 3.8 中所示的连接构造。

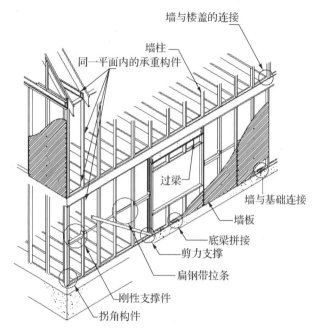

图 3.6　冷弯薄壁型钢结构墙体构造

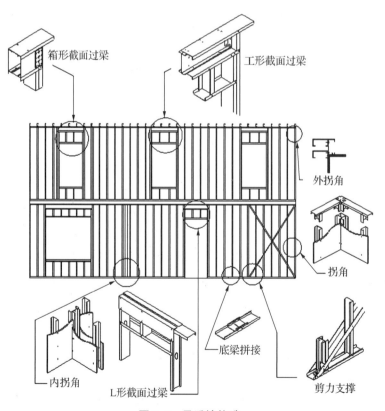

图 3.7　承重墙构造

表 3.3　承重墙的连接要求

连接情况	螺钉的规格、数量和间距
柱与顶(底)梁	柱子两端的每侧翼缘各一个 ST4.2 螺钉
定向板、胶合板或水泥木屑板与柱	ST4.2 螺钉,头部为喇叭形、平头,头部直径为 8 mm;沿板周边间距为 150 mm(螺钉到板边缘的距离为 10 mm),板中间间距为 300 mm
12 mm 厚石膏板与柱	ST3.5 螺钉,间距为 300 mm

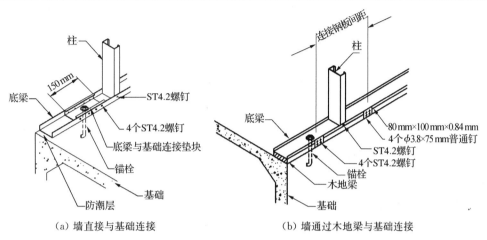

（a）墙直接与基础连接　　　　　（b）墙通过木地梁与基础连接

图 3.8　墙体与结构基础的连接构造

2. 外墙的外侧墙板可采用厚度不小于 11 mm 的定向板或 12 mm 厚的胶合板,内侧墙板可采用厚度不小于 12 mm 的石膏板(图 3.9)。内承重墙两侧墙板均可采用厚度不小于 12 mm 的石膏板。外墙与内墙的两侧墙板均可采用厚度 12 mm 的水泥木屑板。墙板的长度方向应与柱子平行,墙板的周边和中间部分都应与柱子或顶梁、底梁连接。墙板的覆盖长度不应小于墙长度的 20%。在外墙的转角处(或端部),墙板的宽度不应小于 1.2 m。在外墙平面内应按设计要求设置 X 形剪力支撑系统。承重墙的墙体转角处应设置锚栓(图 3.10),基本风压大于 1.25 kN/m²(标准值)、地面粗糙度为 B 类时,应按表 3.12 的要求设置锚栓。

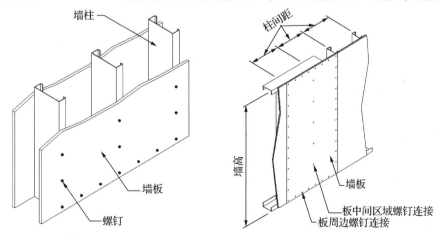

图 3.9　墙板作为柱间支撑

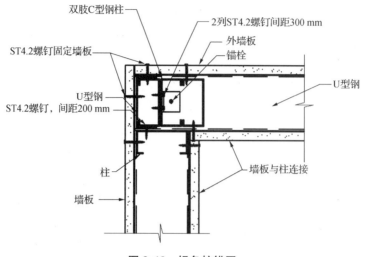

图 3.10 拐角柱锚固

3. 应采用下列任一方法满足轻钢承重墙柱侧向支撑要求:在承重墙的两面安装墙板材料(见图 3.11 和表 3.3 所示)。在承重墙的一面安装墙板,另一面设置扁钢带拉条[图 3.11(a)]。在承重墙的两面设置扁钢带拉条[图 3.11(b)]。上述扁钢带拉条依据上文的要求设置,高 2.4 m 的墙设在 1/2 高度处,高 2.7 m 墙和高 3.0 m 的墙设在 1/3 和 2/3 高度处。

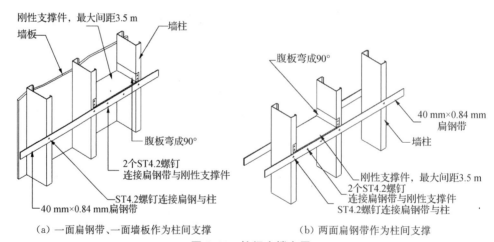

（a）一面扁钢带、一面墙板作为柱间支撑　　　　（b）两面扁钢带作为柱间支撑

图 3.11 柱间支撑布置

4. 柱和其他承重墙构件的拼接必须依据设计要求,顶梁、底梁的拼接应符合下文节点构造要求。冷弯薄壁型钢住宅的拐角可采用图 3.12 所示构造。

二、过梁构造要求

所有承重墙门窗洞口上方必须设置过梁,过梁可采用箱形、工形或 L 形截面,其截面尺寸应符合设计要求,构造应符合下列要求:

箱形截面过梁:由两个相同型号的 C 形截面组成(图 3.13),箱形截面过梁通过 U 型钢或 C 型钢与主柱相连。工形截面过梁:由两个相同型号 C 形截面钢背靠背组成(图 3.14),工形截面过梁通过角钢连接件与主柱相连。

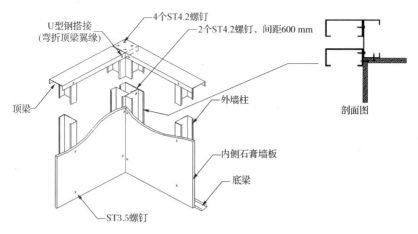

图 3.12　拐角构造

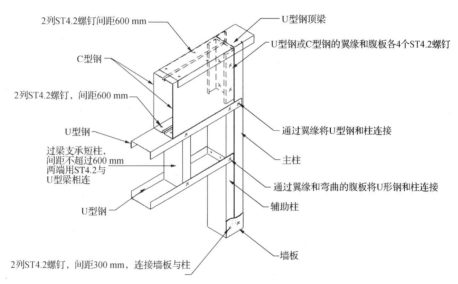

图 3.13　箱形截面过梁构造

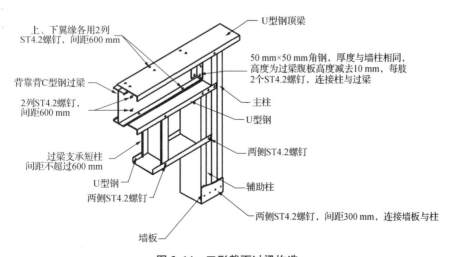

图 3.14　工形截面过梁构造

箱形(或工形)截面过梁与主柱连接的螺钉规格及数量应符合表3.4的要求,其中一半螺钉用于连接件翼缘(或肢)与过梁的连接,另一半用于连接件腹板(或肢)与主柱的连接。连接件的长度为过梁高度减去10 mm,厚度不小于墙柱的厚度。

表3.4 过梁与主柱的连接要求

过梁跨度 /mm	基本风压 w_0(标准值),地面粗糙度,设防烈度			
	<1.0 kN/m², C类, 设防烈度8度及其以下区域	<1.0 kN/m², B类, 或1.5 kN/m², C类	<1.25 kN/m², B类	<1.5 kN/m², B类
≤1 200	4个ST4.2螺钉	4个ST4.2螺钉	6个ST4.2螺钉	6个ST4.2螺钉
>1 200~2 400	4个ST4.2螺钉	4个ST4.2螺钉	6个ST4.2螺钉	8个ST4.2螺钉
>2 400~3 600	4个ST4.2螺钉	6个ST4.2螺钉	8个ST4.2螺钉	10个ST4.2螺钉
>3 600~4 800	4个ST4.2螺钉	6个ST4.2螺钉	10个ST4.2螺钉	12个ST4.2螺钉

L形截面过梁:由两个相同型号的冷弯角钢组成(图3.15),L形截面过梁的短肢和墙体顶梁的搭接采用间距300 mm的ST4.2螺钉,长肢与主柱及过梁支承短柱的连接采用2个ST4.2螺钉。

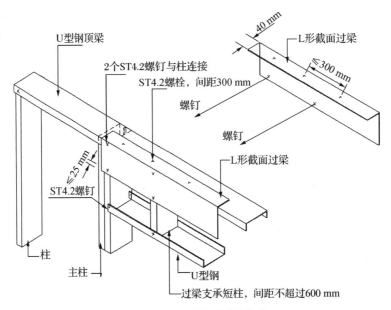

图3.15 L形截面过梁构造

过梁两侧柱的数量:过梁每侧的主柱和辅助柱的数量应符合表3.5的要求。主柱、辅助柱、过梁支承短柱的尺寸和厚度与相邻的墙柱相同。主柱和辅助柱应采用墙板互相连接(图3.15和图3.16)。

表 3.5 洞口每端需要的辅助柱和主柱总数量

开口尺寸/mm	墙柱间距 600 mm		墙柱间距 400 mm	
	辅助柱数量/根	主柱数量/根	辅助柱数量/根	主柱数量/根
<1 050	1	1	1	1
1 050~<1 500	1	2	1	2
1 500~<2 450	1	2	2	2
2 450~<3 200	2	2	2	3
3 200~<3 650	2	2	3	3
3 650~<3 950	2	3	3	3
3 950~<4 250	2	3	3	4
4 250~<4 900	2	3	3	4
4 900~5 500	3	3	4	4

三、非承重墙的构造要求

非承重墙的 C 形截面构件最小厚度可采用 0.46 mm。非承重墙中柱子的高度不应超过表 3.6 的规定。非承重墙及其门窗洞口、墙拐角、内外墙交接可参照图 3.16 所示。

表 3.6 非承重墙的柱子高度

柱型号	1/2 高度处设置扁钢带拉条		沿墙高采用双面石膏板		单位
	柱间距		柱间距		
	400 mm	600 mm	400 mm	600 mm	
C90×35×12×0.46	3.3	2.4	3.6	2.4	m
C90×35×10×0.69	3.9	3.3	4.5	3.9	
C90×35×10×0.84	4.2	3.6	4.9	4.2	

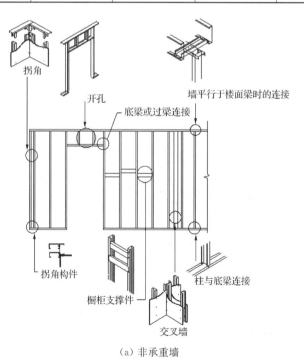

（a）非承重墙

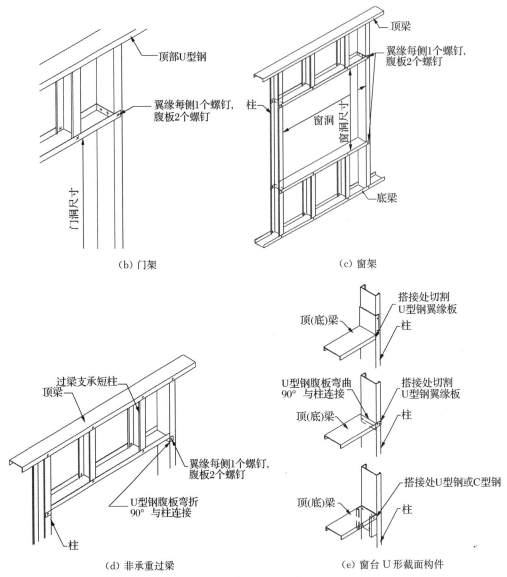

（b）门架 （c）窗架

（d）非承重过梁 （e）窗台 U 形截面构件

图 3.16 非承重墙部分构造

3.3.2 分层装配式钢结构体系的设计要求

1. 分层装配支撑钢框架结构体系采用柱按层分段、梁贯通的构成方式。梁的上层柱与下层柱可不对齐。正交梁宜采用铰接连接。梁拼接位置应与梁柱节点错开，现场连接节点应采用螺栓连接。同一层中所有与柱连接的钢梁宜采用同一截面高度。不与钢柱连接的次梁可以采用较小高度的截面。分层装配支撑钢框架结构体系结构分析时可假定柱两端与梁的连接、支撑两端与柱的连接均为铰接。

2. 分层装配支撑钢框架结构由钢柱、钢梁、支撑和楼板组成稳定的结构体系(图 3.17)。当由楼板和钢梁形成整体性楼盖系统时，楼板应与钢梁进行可靠连接。分层装配支撑钢框架结构中柱的长细比不应超过 120,钢柱宜选用方钢管截面。分层装配支撑钢框架结构承受竖向荷载作用时计算模型,梁根据节点性质设为简支梁或者连续梁,柱设为两端铰接轴压杆。

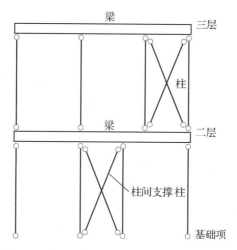

梁
三层
柱
梁
二层
柱间支撑 柱
基础项

图 3.17　分层装配支撑钢框架体系立面示意图

3. 分层装配支撑钢框架结构承受侧向荷载作用时,假定所有侧向力均由支撑承担,侧向力根据刚性隔板假定在各柱间支撑间按刚度进行分配。

4. 地震作用可以采用底部剪力法或者振型分解反应谱法进行计算。结构应进行多遇地震作用下的内力和变形验算,并应满足《建筑抗震设计规范》(GB 50011—2010)的要求。钢梁宜选用高频焊接或普通焊接的 H 形截面或热轧 H 型钢。框架梁和柱的线刚度比不宜小于 3。

构件设计应符合以下要求:

同层柱平均轴压比不宜超过 0.3,轴压比按式(3.1)计算:

$$n = \frac{N}{Af_y} \qquad (3.1)$$

式中:n——轴压比;

　　N——作用在柱上的轴向压力标准值,但不计水平力作用下支撑对柱产生的附加轴力,也不计支撑张紧过程对柱引起的施工轴力;

　　A、f_y——分别表示柱毛截面面积、柱钢材的名义屈服强度。

5. 支撑近旁柱考虑支撑产生的附加轴力后,总轴压比不宜超过 0.6,且应进行单柱轴压下的整体稳定计算。每层柱沿同一方向的弯曲刚度总和不宜大于该层支撑抗侧刚度总和的 20%,按式(3.2)计算:

$$\sum \frac{12EI_c}{L_c^3} \leqslant 0.2 \sum k_{bH} \qquad (3.2)$$

式中:I_c——柱子的惯性矩;

　　E——钢材弹性模量;

L_c——柱高度；

k_{bH}——一个开间内布置的支撑抗侧刚度。

每层柱沿同一方向的水平承载力总和不应小于设防烈度下层地震剪力的25%，按式(3.3)计算：

$$\sum \frac{2W_c f_y}{L_c} \geqslant 0.25F_E \tag{3.3}$$

式中：W_c——框架柱在计算方向的截面模量；

f_y——框架柱钢材屈服强度，取公称值；

F_E——按设防烈度确定的层地震剪力。

6. 按计算长度系数为1.0计算的柱子长细比不宜小于 $65\sqrt{235/f_y}$，不应大于 $120\sqrt{235/f_y}$；非支撑开间的柱子，计算强度和整体稳定时其内力仅考虑竖向荷载的组合作用；支撑开间的柱子，还应计入支撑对柱产生的附加轴力。

柱子轴压整体稳定计算时，计算长度系数取1.0，柱子几何长度可取上下端梁间净距。

7. 支撑应按仅承受拉力的柔性支撑要求进行设计。

同一层支撑承载力设计值应大于不同荷载组合下的沿支撑同方向的该层剪力设计值；柔性支撑应由变形集中段、预紧力施加段和端部连接段构成(图3.18)。其中变形集中段宜采用扁钢，其截面如有开孔、开槽、加工螺纹等削弱必须补强至与原截面同等强度或以上，预紧力施加段可采用花篮螺栓、双向拧紧螺纹套筒或其他可以施加预紧力的部件以及与支撑其他分段相连的过渡部件，端部连接段可采用连接板。

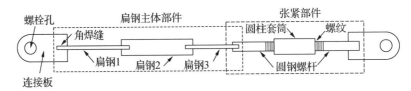

图3.18　柔性支撑组成

支撑开间的宽高比应符合式(3.4)要求：

$$\frac{1+(B/H)^2}{B/H} \leqslant \frac{E}{f_y}\left[\frac{\Delta}{H}\right]_e \tag{3.4}$$

式中：B、H——分别表示支撑所在开间的宽度和高度(即所在楼层的高度)；

f_y——柔性支撑变形集中段的钢材公称屈服强度；

$\left[\dfrac{\Delta}{H}\right]_e$——弹性设计时结构的层间变形容许值，其中$\Delta$为层间变形。

8. 柔性支撑的长细比不应小于250。计算长细比时，可按变形集中段的截面面积和最小惯性矩确定支撑截面的回转半径。变形集中段的长度应符合式(3.5)要求且不宜小于2 m。

$$\frac{L_{bd}}{L_{br}} \cdot \frac{1+(B/H)^2}{B/H} \geqslant \frac{E}{15f_y}\left[\frac{\Delta}{H}\right]_p \tag{3.5}$$

式中：L_{bd}、L_{br}——分别表示变形集中段的长度和支撑总长度；

$\left[\dfrac{\Delta}{H}\right]_p$——框架结构罕遇地震下的最大层间变形容许值，取 1/50。

9. 柔性支撑各分段的强度计算，除应满足现行国家标准《钢结构设计标准》(GB 50017—2017)、《建筑抗震设计规范》(GB 50011—2010) 的有关要求外，还应满足以下要求：

$$\eta_H N_{dp} \leqslant N_{linkU} \tag{3.6}$$

$$(\eta_H - 0.05)N_{dp} \leqslant N_{linkU} \tag{3.7}$$

$$1.05N_{linkP} \leqslant N_{presP} \tag{3.8}$$

式中：η_H——考虑钢材强化和材料超强的提高系数，按表 3.7 取值；

N_{dp}——变形集中段的截面塑性抗拉承载力，$N_{dp} = A_d f_y$，A_d 为该段断面面积，f_y 为该段钢材屈服强度；

N_{linkU}——支撑各分段间的连接承载力设计值和支撑与框架构件的连接承载力设计值中的最小值；

N_{linkP}——端部连接段的连接板的净截面受拉或撕剪破坏塑性承载力；

N_{presP}——预紧力施加段受拉时的塑性承载力，当该段有若干部件串联而成时，应是所有部件塑性承载力中的最小值。

表 3.7 钢结构抗震设计的提高系数 η_H

变形集中段钢材牌号	连接方式	
	焊接	螺栓
Q235	1.25	1.30
Q355	1.20	1.25

3.4 装配式钢结构-低层结构构件与节点设计

3.4.1 冷弯薄壁型钢结构住宅体系构件与节点设计

冷弯薄壁型钢构件的钢材厚度在 0.46~2.46 mm 范围内。U 形截面 [图 3.19(a)] 一般用作顶梁、底梁或边梁，C 形截面 [图 3.19(b)] 一般用作梁柱构件，L 形截面一般用作连接件或过梁。U 形截面构件和 C 形截面承重构件的厚度应不小于 0.84 mm。同一平面内的承重梁、柱构件，在交接处的截面形心轴线的最大偏差要求小于 15 mm(图 3.20)。

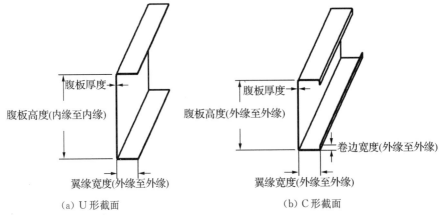

（a）U形截面　　　　　　　　　　（b）C形截面

图 3.19　冷弯薄壁型钢体系构件采用截面形式

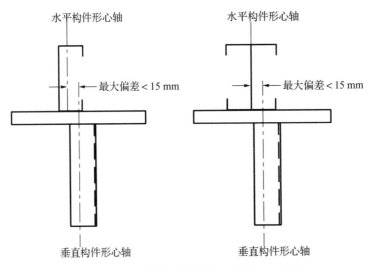

图 3.20　同一平面内的承重构件的轴线允许偏差

梁、柱腹板开孔及开孔补强应符合下列要求：

（1）梁、柱的翼缘板和卷边不得切割、开槽或开孔，只允许在梁、柱腹板中心线上开孔，两孔的中心间距不小于 600 mm，孔至构件端部（或支座边缘）的距离不小于 250 mm［图 3.21（a）］。孔长不应超过 110 mm；梁的孔宽不应超过 60 mm 且不应超过腹板高度的 0.5 倍，柱子或其他结构件的孔宽不应超过 40 mm 且不应超过腹板高度的 0.5 倍。

（2）当孔的尺寸不满足上述要求时，应按图 3.21（b）的要求用钢板或 U 型钢、C 型钢补强，其厚度不小于构件的厚度，每边超出孔的边缘不应小于 25 mm，ST4.2 连接螺钉的间距不应大于 25 mm，螺钉到板边缘的距离不小于 10 mm。

（3）当腹板的孔宽超过沿腹板高度的 0.70 倍或孔长超过 250 mm（或腹板高度）时，除按（2）条的要求补强外，还要符合构件强度、刚度和稳定的计算要求。

承重梁在支座或集中荷载作用位置的腹板任一侧应设置加劲件［图 3.21（c）］。加劲件厚度不小于 1.09 mm（U 型钢）或 0.84 mm（C 型钢），长度为梁高减去 10 mm 或

50 mm。加劲件与构件的连接不少于 4 个 ST4.2 螺钉。梁或柱用扁钢带拉接时,扁钢带尺寸不小于 40 mm×0.84 mm,用 ST4.2 的螺钉将扁钢带与梁或柱翼缘连接。沿扁钢带方向每隔3.5 m 设置一个刚性支撑件或 X 形支撑[图 3.21(d)和图 3.21(e)],且在房屋端头或楼面开孔处必须设置刚性支撑件或 X 形支撑,必须用 2 个 ST4.2 螺钉将扁钢带与刚性支承件连接。刚性支承件采用厚度不小于 0.84 mm 的 U 形或 C 形短构件,其截面高度为梁或柱高减去 10 mm 或 50 mm。X 形支撑截面尺寸与扁钢带相同。U 型钢顶梁、底梁或边梁的拼接参见图 3.21(f),多个构件不宜在同一柱间拼接。

　　计算结构和构件的变形时,可不考虑螺栓或栓钉孔引起的构件截面削弱的影响。受弯构件的挠度不宜大于表 3.8 的限值。

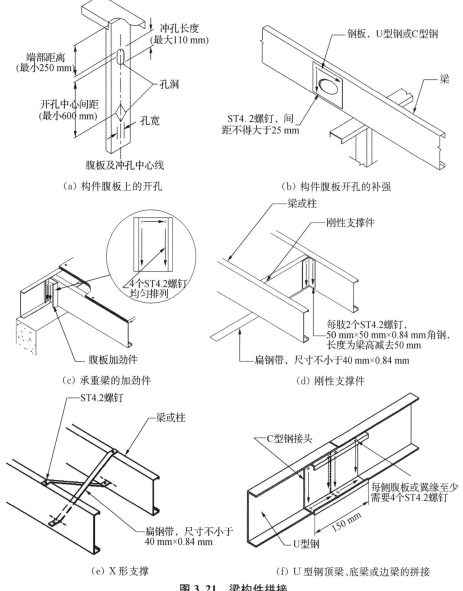

(a) 构件腹板上的开孔　　　　　　　(b) 构件腹板开孔的补强

(c) 承重梁的加劲件　　　　　　　(d) 刚性支撑件

(e) X 形支撑　　　　　　　(f) U 型钢顶梁、底梁或边梁的拼接

图 3.21　梁构件拼接

表 3.8 受弯构件的挠度限值

构件类别	构件挠度限值
楼层梁: 全部荷载 活荷载	$L/250$ $L/500$
门窗过梁	$L/350$
屋架	$L/250$
结构板	$L/200$

注:1. 表中 L 为构件跨度。
    2. 对悬臂梁,按悬伸长度的 2 倍计算受弯构件的跨度。

受压板件的宽厚比不应大于表 3.9 规定的限值。

表 3.9 受压板件的宽厚比限值

构件类别	构件挠度限值
非加劲板件	45
部分加劲板件	60
加劲板件	250

受压构件的长细比,不宜大于表 3.10 规定的限值。受拉构件的长细比不宜大于 350,但张紧拉条的长细比可不受此限制。当受拉构件在永久荷载和风荷载或者多遇地震组合作用下的受压时,长细比不宜大于 250。冷弯薄壁型钢结构承重构件的壁厚不应小于 0.6 mm,主要承重构件不应小于 0.75 mm。

表 3.10 受压构件的长细比要求

构件类别	构件挠度限值
主要承重构件(梁、立柱、屋架等)	150
其他构件及支撑	200

3.4.2 分层装配式钢结构体系的构件与节点设计

方钢管柱与 H 型钢梁应采用梁贯通式全螺栓外伸端板连接(图 3.22)。螺栓连接可采用承压型或摩擦型高强螺栓连接。连接至少应能够承受钢柱边缘屈服弯矩及产生的剪力的复合内力作用。方钢管柱端板应沿 H 型钢梁轴线向两侧外伸,两侧外伸端板处应各对称布置 2 个螺栓,宜使每侧螺栓群中心与 H 型钢梁翼缘的中心重合。与柱相连的 H 型钢梁腹板处应设置 3 道支承加劲肋,中间为通长加劲肋,两侧加劲肋的高度宜取梁高的 1/4～1/3。柱端板厚度不宜小于 10 mm,梁腹板处支承加劲肋厚度不宜小于 4 mm。柱与端板的连接应采用全熔透对接焊缝。

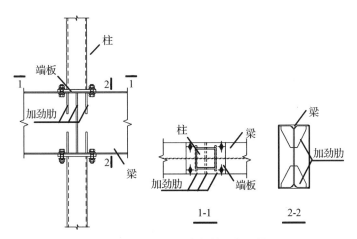

图 3.22 梁贯通式全螺栓端板连接

支撑与方钢管柱应采用节点板螺栓连接(图 3.23),宜采用摩擦型高强螺栓连接。连接板可仅设 1 个连接螺栓。支撑的中心线应与柱中心线交汇于一点,否则节点板和端板连接应考虑由于偏心产生的附加弯矩的影响。

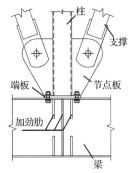

图 3.23 支撑与柱的节点板螺栓连接

主梁的拼接可采用平齐式端板螺栓连接(图 3.24),应设置在弯矩较小处。螺栓连接可采用承压型或摩擦型高强螺栓连接,端板厚度不宜小于 12 mm,应按所受最大内力设计,且该连接抗弯承载力不应小于被连接主梁截面抗弯承载力设计值的 30%。

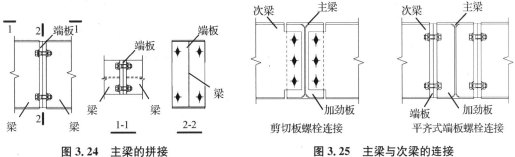

图 3.24 主梁的拼接 **图 3.25 主梁与次梁的连接**

主梁与次梁的连接可采用剪切板螺栓连接或平齐式端板螺栓连接(图 3.25)。螺栓连接可采用承压型或摩擦型高强螺栓连接。

钢柱脚宜采用预埋锚栓与柱底板连接的柱脚(图 3.26),并应符合下列要求:

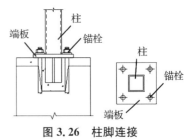

图 3.26 柱脚连接

(1) 柱脚锚栓的抗弯承载力不应小于设计内力,也不应小于柱截面抗弯承载力设计值的 30%。

(2) 柱底板厚度不应小于柱壁厚度的 1.5 倍,且不小于 12 mm。

(3) 预埋锚栓直径不宜小于 16 mm,预埋锚栓的埋入深度不应小于锚栓直径的 20 倍。

(4) 钢柱脚在室内平面以下部分应采用钢丝网混凝土包裹。

(5) 柱间支撑所在跨的柱脚应设置抗剪键,无柱间支撑的钢柱脚可不设置抗剪键。

螺栓连接节点应按现行国家标准《钢结构设计标准》(GB 50017—2017)的规定进行计算和设计,需要进行抗震验算的还应满足现行国家标准《建筑抗震设计规范》(GB 50011—2010)的有关规定。

3.5 装配式钢结构–低层结构构造要求

3.5.1 楼盖系统与基础或承重墙的连接要求

低层冷弯薄壁型钢结构装配式住宅的楼盖可参照图 3.27 所示建造。楼盖及其构件的强度、刚度、稳定以及楼盖的振动均应满足设计要求。

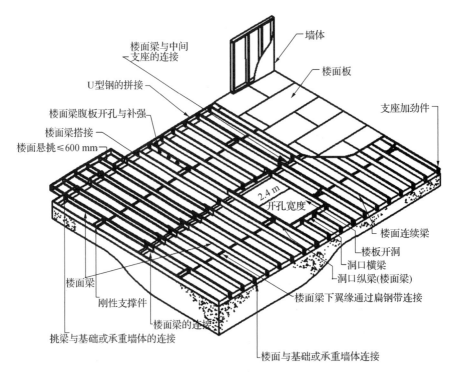

图 3.27 冷弯薄壁型钢结构楼面构造

楼盖系统与混凝土基础、木地梁或承重墙的连接应符合表 3.11 和图 3.28 的要求。刚性支撑件与楼面梁的连接可以通过 U 型、C 型加劲件或角钢连接,也可以将刚性支撑件的腹板弯折后直接连接。

表 3.11 楼盖与基础或承重墙连接的要求

连接情况	基本风压 w_0(标准值),地面粗糙度,设防烈度	
	0.9 kN/m²,B 类(或小于 1.5 kN/m²,C 类),设防烈度不大于 8 度地区	小于 1.5 kN/m²,B 类
楼盖 U 形截面边梁与木地梁的连接[图 3.28(a)]、图 3.28(b)]	采用钢板连接,间距 1.2 m,4 个 ST4.2 螺钉和 4 个 $\phi 3.8 \times 75$ mm 普通钉	采用钢板连接,间距 0.6 m,4 个 ST4.2 螺钉和 4 个 $\phi 3.8 \times 75$ mm 普通钉
楼盖与砼基础的连接[图 3.28(c)、图 3.28(d)]	采用角钢连接,间距 1.8 m,锚栓直径 12 mm,8 个 ST4.2 螺钉	采用角钢连接,间距 1.2 m,锚栓直径 12 mm,8 个 ST4.2 螺钉
楼盖与承重外墙的连接 · 楼面梁与承重外墙 U 形截面顶梁的连接[图 3.28(e)、图 3.28(f)]	2 个 ST4.2 螺钉	3 个 ST4.2 螺钉
楼盖与承重外墙的连接 · 楼面 U 形截面边梁与墙体 U 形截面顶梁的连接[图 3.28(g)]	每隔 600 mm 装 1 个 ST4.2 螺钉	

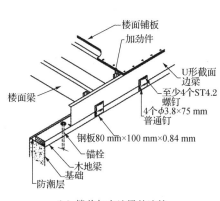

(a) 楼盖与木地梁的连接

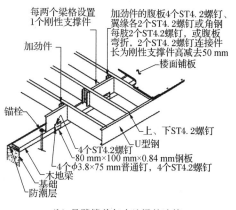

(b) 悬臂楼盖与木地梁的连接

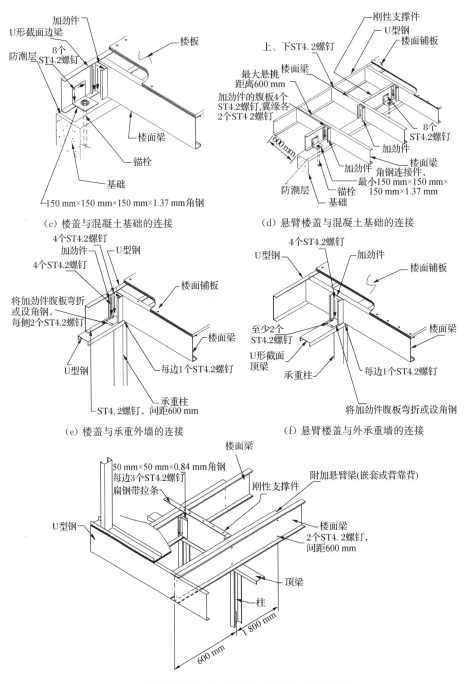

（c）楼盖与混凝土基础的连接　　　　（d）悬臂楼盖与混凝土基础的连接

（e）楼盖与承重外墙的连接　　　　（f）悬臂楼盖与外承重墙的连接

（g）承受楼面荷载和屋面荷载的悬臂梁与外墙的连接

图 3.28　楼盖构造详图

楼面梁与 U 形截面梁的连接要求如下：

楼面梁与承重内墙 U 形截面顶梁的连接［图 3.29(a)、图 3.29(b)］采用 2 个 ST4.2 螺钉。连续的单构件梁在内支座处应设置加劲件，且沿内墙长度方向宜设置刚性支撑件，其间距为 3.5 m，与梁的连接方式参照图 3.28(b)。

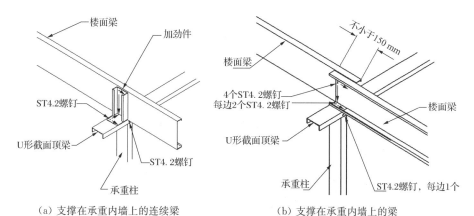

（a）支撑在承重内墙上的连续梁　　　　（b）支撑在承重内墙上的梁

图 3.29　支撑在承重墙上的梁构造

楼面梁与其端部 U 形截面边梁的连接采用 2 个 ST4.2 螺钉（上、下翼缘各 1 个）。当设有支座加劲件时，加劲件的翼缘采用 2 个 ST4.2 螺钉与 U 形截面边梁连接［图 3.28(e)］。

楼面梁在外墙的支承长度不应小于 40 mm，在内墙的支承长度不应小于 90 mm。

3.5.2　墙体构造要求

低层冷弯薄壁型钢结构装配式住宅的墙体可参照图 3.30 和图 3.31 建造。墙体及其构件的强度、刚度、稳定均应满足设计要求。

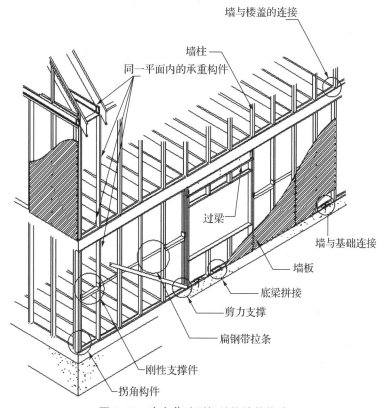

图 3.30　冷弯薄壁型钢结构墙体构造

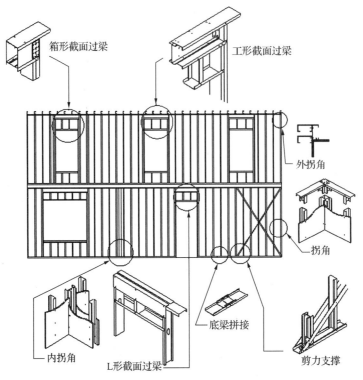

图 3.31 承重墙构造示意图

墙体与基础或楼盖的连接应满足表 3.12 的要求。

表 3.12 墙与基础或楼盖的连接要求

连接情况	基本风压 w_0(标准值),地面粗糙度,设防烈度			
	<1.0 kN/m², C 类,设防烈度 8 度及其以下区域	<1.0 kN/m²,B 类,或 1.5 kN/m²,C 类	<1.25 kN/m², B 类	<1.5 kN/m², B 类
墙底梁与楼面梁或边梁的连接	每隔 300 mm 装 1 个 ST4.2 螺钉	每隔 300 mm 装 1 个 ST4.2 螺钉	每隔 300 mm 装 2 个 ST4.2 螺钉	每隔 300 mm 装 2 个 ST4.2 螺钉
墙底梁与基础的连接,见图 3.28(c)、(d)	每隔 1.8 m 装 1 个 13 mm 的锚栓	每隔 1.2 m 装 1 个 13 mm 的锚栓	每隔 1.2 m 装 1 个 13 mm 的锚栓	每隔 1.2 m 装 1 个 13 mm 的锚栓
墙底梁与木地梁的连接,见图 3.28(a)、(b)	连接钢板间距 1.2 m,用 4 个 ST4.2 螺钉和 4 个 ϕ3.8×75 mm 普通钉	连接钢板间距 0.9 m,用 4 个 ST4.2 螺钉和 4 个 ϕ3.8×75 mm 普通钉	连接钢板间距 0.6 m,用 4 个 ST4.2 螺钉和 4 个 ϕ3.8×75 mm 普通钉	连接钢板间距 0.6 m,用 4 个 ST4.2 螺钉和 4 个 ϕ3.8×75 mm 普通钉
柱间距 400 mm 时锚栓的抗拔力要求	无	无	无	沿墙 0.95 kN/m
柱间距 600 mm 时锚栓的抗拔力要求	无	无	无	沿墙 1.45 kN/m

3.5.3　屋盖构造要求

低层冷弯薄壁型钢结构装配式住宅的屋盖系统可参照图 3.32～图 3.33 建造。屋盖系统及其构件的强度、刚度和稳定均应满足设计要求。

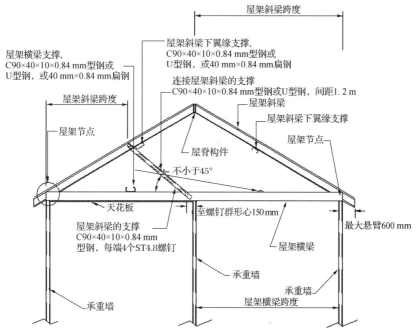

图 3.32　冷弯薄壁型钢结构屋架构造(单位:mm)

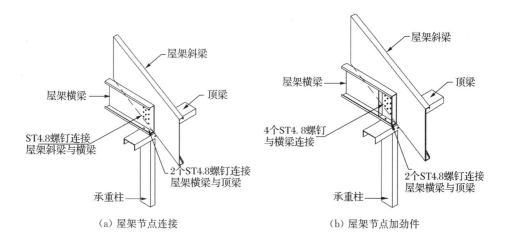

（a）屋架节点连接　　　　　　　　　（b）屋架节点加劲件

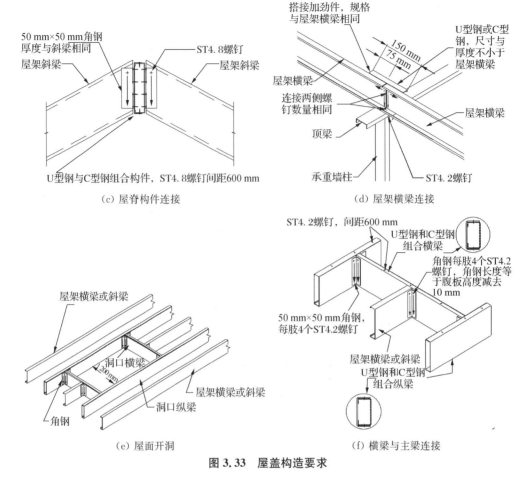

图 3.33 屋盖构造要求

1. 屋盖系统的连接(图 3.33)要求：

(1) 屋架(横梁)与承重墙的顶梁、屋面板与屋架斜梁、端屋架与山墙顶梁、屋架斜梁与屋架横梁或屋脊构件的连接要求见表 3.13；

(2) 承重墙洞口上的屋架必须支承在过梁上。

表 3.13　屋盖系统的连接要求

连接情况	紧固件的数量、规格和间距
屋架(横梁)与承重墙的顶梁	2 个 ST4.8 螺钉，沿顶梁宽度布置
屋面板与屋架斜梁	ST4.2 螺钉，边缘间距为 150 mm，中间部分间距为 300 mm。在端桁架上，间距为 150 mm
端屋架与山墙顶梁	ST4.8 螺钉，中心距为 300 mm
屋架斜梁与屋架横梁或屋脊构件	ST4.8 螺钉，均匀排列，到边缘的距离不小于 12 mm，数量符合设计要求

2. 屋架横梁的支承长度不应小于 40 mm，在支座位置及集中荷载作用处宜设置加劲件[图 3.33(d)]。屋架横梁的水平支撑要求：

（1）上翼缘水平支撑：屋架横梁上翼缘的水平支撑采用厚度不小于 0.84 mm 的 U 形或 C 形截面，或 40 mm×0.84 mm 的扁钢带。支撑与横梁采用 1 个 ST4.2 螺钉连接。

（2）下翼缘水平支撑：横梁下翼缘可采用石膏天花板或通长设置扁钢带起水平支撑作用，石膏板的固定采用 ST3.5 的螺钉。当采用 40 mm×0.84 mm 的扁钢带时，扁钢带的间距不应大于 1.2 m。

（3）扁钢带水平支撑与横梁上（或下）翼缘采用 1 个 ST4.2 螺钉连接。沿扁钢带设置方向，在扁钢端头和每隔 3.5 m 设置刚性支撑件或 X 形支撑，扁钢带与刚性支撑件采用 2 个 ST4.2 螺钉连接。

3. 屋架斜梁要求

屋架斜梁的斜支撑不应小于 C90×40×10×0.84（单位：mm）截面，其长度不应超过 2.4 m，与屋架横梁及斜梁的连接每端不应少于 4 个 ST4.8 螺钉。当屋架斜梁设有斜支撑时，斜支撑与屋架横梁的连接处应搁置在承重墙上。

屋架斜梁与屋脊构件的连接可参照图图 3.33（c）。连接件采用不小于 50 mm×50 mm 的角钢，其厚度应不小于屋架斜梁的厚度。连接角钢每肢的螺钉不小于 ST4.8，均匀排列，数量符合设计要求。

屋脊构件采用 U 型钢或 C 型钢的组合截面，其截面尺寸和钢材厚度与屋架斜梁相同，上、下翼缘采用 ST4.8 螺钉连接，螺钉间距 600 mm。屋面的水平悬挑长度不应大于 600 mm。

屋架斜梁下翼缘水平支撑要求：屋架斜梁下翼缘的水平支撑宜采用厚度不小于 0.84 mm 的 U 形或 C 形截面，或 40 mm×0.84 mm 扁钢带，支撑间距不应大于 2.4 m，支撑与屋架斜梁下翼缘采用 2 个 ST4.2 螺钉连接。当采用扁钢带支撑时，应按要求设置刚性支撑件或 X 形支撑。

拼接要求：除屋架横梁外，屋架斜梁和其他构件不宜采用拼接。屋架横梁只允许在跨中支承点处拼接[图 3.33（d）]，拼接的每一侧所需螺钉数量和规格应和屋架斜梁与横梁连接所需螺钉相同。

4. 屋面或天花板开洞要求

（1）屋面（或天花板）的洞口采用组合截面纵梁和横梁作为外框[图 3.33（e）和图 3.33（f）]，组合截面的 C 型钢和 U 型钢截面尺寸与屋架斜梁（或屋架横梁）相同，洞口横梁跨度不应大于 1.2 m。

（2）洞口横梁与纵梁的连接采用 4 个 50 mm×50 mm 角钢，角钢的厚度不应小于屋架横梁或屋架斜梁的厚度，角钢连接每肢采用 4 个均匀排列的 ST4.2 螺钉。

（3）屋架采用桁架结构时，应满足设计要求。

3.6　工程案例应用

本节将以苏州积水姑苏裕沁庭项目为例进行分析，分别从围护体系和结构体系来介绍某一装配式钢结构-低层结构体系的应用。

积水姑苏裕沁庭项目位于苏州市相城区，项目整体方案如图3.34所示。其中锦苑（东区）由E1♯～E6♯高层住宅、E7♯～E26♯联排别墅、E27♯配套服务用房及地下车库、门卫等组成，地上总建筑面积约15.6万 m²；低层联排别墅部分（雅居）为16栋3层、4栋2层装配式钢结构体系，地上建筑面积约2.1万 m²。

图3.34　工程案例方案布置

联排别墅地上部分采用一体化分层装配式钢结构体系（图3.34），主体钢结构部分采用积水自有的"β系统构造"，主要特点为梁贯通构造节点（图3.37），每个梁柱节点处均为单向抗侧力构造，且钢柱竖向无须严格对齐贯通，属于分层装配式钢结构体系（图3.35）。

图3.35　分层装配式钢结构工程结构体系

主体及非结构部分采用全装配、全干法的拼接工艺，结构主体通过ETABS分析软件计算，所有构件均满足承载能力、变形及稳定性的要求。

其围护系统、隔墙、楼板、屋顶、机电系统及内装系统均采用工厂成品或半成品，现场装配集成。积水在沈阳建有综合的工业化住宅生产基地,联排别墅所使用的钢结构零部件及外墙、内装饰材料,均采用高度自动化的设备生产,还与室内装修的板材、内部装修设备等厂商合作,在工厂内形成一条龙式生产线;施工现场由自有的专业工程公司进行安装及内装修施工,并提供后期维修保养服务。总体上来看,从源头开始通过设计、材料采购、加工生产、专业安装及自有维修形成完善的工业化产业链,确保了自有开发理念在整个过程中的严格实施,为业主提供了优质、舒适的住宅产品。

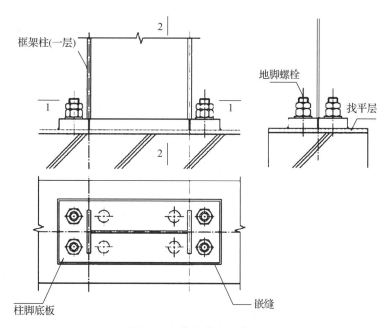

图 3.36　柱脚节点示意图

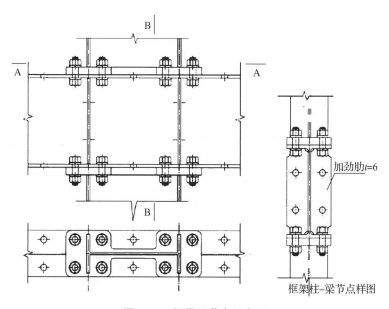

图 3.37　梁贯通节点示意图

钢柱与钢梁材质均为 Q235,通过高强螺栓连接形成平面内抗侧力体系,两个方向的侧向力由该方向的平面内框架承担。钢柱通过螺栓与混凝土基础梁连接(图 3.36),钢梁上下翼缘上根据 75 mm 模数的间距打满孔,钢柱按此模数进行布置连接,极大提高了设计及加工制作的效率。同时,主体钢构件采用致密的电镀涂层,达到了Ⅰ类环境中 20 年以上的防腐效果,结合超薄防火涂料提升了主体结构构件的耐久性。

楼板采用 150 mm 厚预制 ALC(蒸压加气混凝土)板简支于钢梁上,并于板间密缝拼接,端部通过 M10 螺杆与钢梁做限位构造连接(图 3.40)。另外,在卫生间降板处,ALC 楼板搭接于梁下翼缘上的构造角钢上,每跨梁间板底都设置对角拉杆,以保证平面内的整体性,防止地震时板跨变形导致楼板脱落,具体构造见图 3.39。

图 3.38　梁贯通梁柱节点

建筑外围护部分采用工厂预制生产的、兼顾强度和美观的新一代复合结构外墙板"SHELL TEC 墙",运用独有的"高压真空挤压方式"将混凝土状的原料压挤成型,可达到两倍于一般混凝土的强度,同时达到了 1 h 以上的外壁耐火时间。外墙板分块用专用挂件连接于龙骨上,接缝用柔性胶处理,以消除温度变形及实现防水效果。

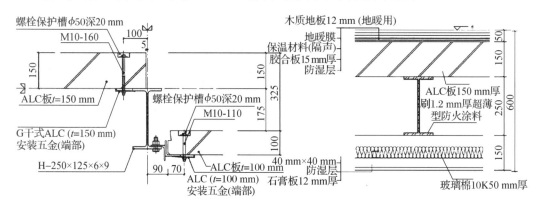

图 3.39　楼板构造示意图(单位:m)

外墙采用龙骨组合保温体系(图 3.41),即将高性能玻璃丝棉(保温材料)嵌入龙骨间,辅以防潮隔膜,以保证保温性能的同时,防止吸收水汽;墙内面层则为石膏板,方便现场确定点位并留洞。其与主体结构连接构造可参考图 3.42。工程最终现场图见图 3.43。

图 3.40　工程采用 ALC 楼板

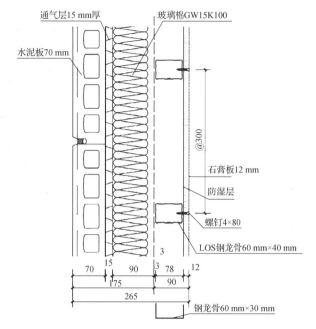

图 3.41　外墙构造(单位:mm)

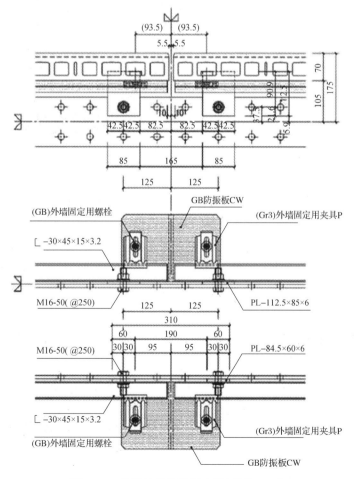

图 3.42　外墙连接构造示意图(单位:mm)

图 3.43　工程最终现场图

本项目通过前期的一体化集成设计、全产业链的成熟工业化部品件供应及专业安装，实现了全装配式节能环保住宅的快速、高质量实施。

1. 工业化集成内装

该项目内装采用一体化设计集成，竖向管线、线盒均嵌入墙体龙骨中，机电水平管线布置于吊顶内；现场与主体钢结构安装完成后，与龙骨及吊顶施工穿插进行。工程案例内部实景见图 3.44。

图 3.44　工程案例内部实景

2. 一体化机电系统

本项目从设计制造阶段开始便积极推进削减碳排量的措施，实现所有建造流程中的"环保"。项目采用保温窗扇与热反射隔热双层玻璃，使全屋具备优异的气密性；通过可高效过滤 PM2.5(细颗粒物)的全热交换器系统，以 24 h 小风量进行换气，将污浊的空气与热量一同排出，并对新风送气进行热量回收，可有效减轻空调负担，降低使用费用；采用温水地暖系统及先进的软水处理系统，保证健康的居住环境(图 3.45、图 3.46)。

该项目过程中有以下事项注意：

(1) 前置的精细化设计与定位是关键，需在设计早期阶段确定材料及系统定位，并根据实际部品件进行集成设计。

(2) 钢结构主体布置需大胆创新，根据建筑及装修功能要求适当调整，由两个方向的面内抗侧力"龙骨墙"体系分别承担各自方向的侧向荷载，同时梁仅承担竖向荷载，楼盖采用干法密缝拼接，柱、梁布置具有了极大自由性，也为建筑及装修的布置调整提供了最大自由度，同时有助于提高标准化、自动化加工及安装效率。

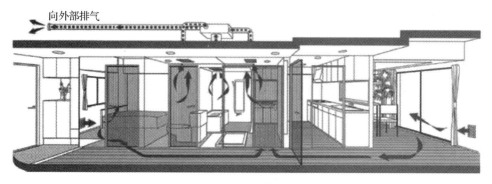

图 3.45　一体化机电系统

图 3.46　一体化机电系统现场图片

（3）健康舒适的室内环境永远是住宅的首要需求，需要通过环保的材料、工厂高效率的集成工艺及现场的专业安装等专业化分工达成。

（4）配套的成熟部品件是实现建筑高效率、高质量的重要补充。将钢结构住宅大范围推广，必须依赖于配套部品件的完善成熟。

（5）积极实施住宅保险制度，针对部品件、机电设备及房屋整体进行商业投保，能够有效提升维护质量和效率，改善居住体验。

4 装配式钢结构-多高层体系结构设计

4.1 装配式钢结构-多高层结构体系一般规定

装配式钢结构-多高层结构体系应坚持标准化设计、工厂化生产、装配化施工、信息化管理和智能化应用,提高技术水平和工程质量。结构系统应按照通用化、模数化、标准化的要求,用系统集成的方法统筹设计、生产、运输、施工和运营维护,实现全过程的一体化。结构和构件设计应遵守模数协调和少规格、多组合的原则,在标准化设计的基础上实现系列化和多样化;应采用适用的技术、工艺和装备机具,进行工厂化生产,建立完善的生产质量控制体系,提高部品构件的生产精度,保障产品质量。装配式钢结构-多高层结构体系宜基于人工智能、互联网和物联网等技术,实现智能化应用,提升建筑使用的安全、便利、舒适和环保等性能。同时,还应进行技术策划,以统筹规划设计、构件生产、施工安装和运营维护全过程,对技术选型、技术经济可行性和可建造性进行评估。按照保障安全、提高质量、提升效率的原则,确定可行的技术配置和适宜经济的设计和施工标准。应采用绿色建材和性能优良的系统化部品构件,因地制宜,采用适宜的节能环保技术,积极利用可再生能源,提升结构使用性能。装配式钢结构-多高层结构体系宜采用大柱距布置方式,满足建筑全寿命期的空间适应性要求。同时,还应合理考虑钢结构构件防火、防腐要求,满足可靠性、安全性和耐久性等有关规定。

4.2 装配式钢结构-多高层结构设计要求

装配式钢结构-多高层结构的设计应符合现行国家标准《工程结构可靠性设计统一标准》(GB 50153—2008)的规定,结构的设计使用年限不应少于50年,其安全等级不应低于二级;应按现行国家标准《建筑工程抗震设防分类标准》(GB 50223—2008)的规定确定其抗震设防类别,并应按照现行国家标准《建筑抗震设计规范》(GB 50011—2010)进行抗震设防设计;建筑荷载和效应的标准值、荷载分项系数、荷载效应组合值系数应满足现行国家标准《建筑结构荷载规范》(GB 50009—2012)的规定;结构构件设计应符合现行国家标准《钢结构设计标准》(GB 50017—2017)、《钢管混凝土结构技术规范》(GB 50936—2014)、《高层民用建筑钢结构技术规程》(JGJ 99—2015)的规定。

装配式钢结构-多高层结构体系应根据建筑的抗震设防类别、抗震设防烈度、建筑高度、场地条件、地基、结构材料和施工等因素,经技术、经济和使用条件综合比较确定。结构体系应具有明确合理的地震作用传递路径,应避免因部分结构或构件破坏而导致整个结构丧失抗震能力或对重力荷载的承载能力,应具备必要的抗震承载力、良好的变形能力和消耗地震能量的能力,对可能出现的薄弱部位,应采取措施提高其抗震能力。结构体系宜有多道抗震防线,宜具有合理的刚度和承载力分布,避免因局部削弱或突变形成薄弱部位,产生过大的应力集中或塑性变形集中,结构在两个主轴方向的动力特性宜相近。结构构件的尺寸应合理控制,避免局部失稳或整个构件失稳,构件节点的破坏不应先于其连接的构件,构件的连接应能保证结构的整体性。

装配式钢结构-多高层结构体系宜优先选用规则的形体,其抗侧力构件的平面布置宜规则对称,应尽量减少因刚度、质量不对称造成结构扭转。结构的侧向刚度沿竖向宜均匀变化,竖向抗侧力构件的截面尺寸和材料强度宜自下而上逐渐减小,避免侧向刚度和承载力突变和出现薄弱层。结构布置应考虑温度效应、地震效应、不均匀沉降等因素,需设置伸缩缝、抗震缝、沉降缝时,满足伸缩、抗震与沉降的功能要求。结构布置应与建筑功能相协调,大开间或跃层时的柱网布置,支撑、剪力墙等抗侧力构件的布置,次梁的布置等,均宜经比选、优化并与建筑设计协调确定。

装配式钢结构-多高层结构的钢材屈服强度波动范围不应大于 $120\ \text{N/mm}^2$,钢材的屈服强度实测值与抗拉强度实测值的比值不应大于 0.85,钢材应有明显的屈服台阶,且断后伸长率不应小于 20%,钢材应有良好的焊接性和合格的冲击韧性。承重结构采用的钢材宜选用 Q355 钢、Q390 钢,承重构件所用的较厚板材宜选用高性能建筑用 GJ 钢板,外露承重构件可采用 Q235NH、Q355NH 或 Q415NH 等牌号的焊接耐候钢,承重构件钢材的质量等级不宜低于 B 级,抗震等级为二级及以上的装配式钢结构-多高层结构,其框架梁、柱和抗侧力支撑等主要抗侧力构件钢材的质量等级不宜低于 C 级。钢材应具有抗拉强度、伸长率、屈服强度和硫、磷含量的合格保证,对焊接结构应具有碳含量的合格保证。焊接承重结构以及重要的非焊接承重结构采用的钢材还应具有冷弯试验的合格保证。

装配式钢结构-多高层结构可根据建筑功能用途、建筑物高度以及抗震设防烈度等条件选择钢框架结构、钢框架-支撑结构、钢框架-延性墙板结构、筒体结构、巨型结构、交错桁架结构等。乙类和丙类装配式钢结构-多高层结构的最大适用高度应符合表 2.1 的规定。

装配式钢结构-多高层结构的高宽比不宜大于表 4.1 的规定。

表 4.1 装配式钢结构-多高层结构的最大适用高宽比

6 度	7 度	8 度	9 度
6.5	6.5	6.0	5.5

注:1. 计算高宽比的高度从室外地面算起。
   2. 当塔形建筑底部有大底盘时,计算高宽比从大底盘顶部算起。

装配式钢结构-多高层结构的层间位移比限值按《高层民用建筑钢结构技术规范》(JGJ 99—2015)的规定执行。在风荷载或多遇地震标准值作用下,按弹性方法计算的楼层层间最大水平位移与层高之比不宜大于1/250。在罕遇地震作用下的薄弱层或薄弱部位的弹塑性层间位移不应大于层高的1/50。

高度不小于80 m的装配式钢结构-多高层结构住宅以及高度不小于150 m的其他装配式钢结构-多高层结构应满足风振舒适度要求。在现行国家标准《建筑结构荷载规范》(GB 50009—2012)规定的10年一遇的风荷载标准值作用下,结构顶点的顺风向和横风向最大加速度计算值不应大于表4.2的限值。结构顶点的顺风向和横风向振动最大加速度,可按现行国家标准《建筑结构荷载规范》(GB 50009—2012)的有关规定计算,也可通过风洞试验结构判断确定。计算时钢结构阻尼比宜取0.01～0.015。

表4.2 装配式钢结构-多高层结构顶点顺风向和横风向风振加速度限值　　单位:m/s²

使用功能	$a_{\lim}$
住宅、公寓	0.20
办公、旅馆	0.28

装配式钢结构-多高层结构的楼盖结构应具有适当的舒适度。楼盖结构的竖向振动频率不宜小于3 Hz,竖向振动加速度峰值不应大于表4.3的限值。楼盖结构竖向振动加速度可按现行行业标准《高层建筑混凝土结构技术规程》(JGJ 3—2010)的有关规定计算。

表4.3 装配式钢结构-多高层结构的楼盖竖向振动加速度限值

人员活动环境	峰值加速度限值/(m·s⁻²)	
	竖向自振频率不大于2 Hz	竖向自振频率不小于4 Hz
住宅、办公	0.07	0.05
商场及室内连廊	0.22	0.15

注:楼盖结构竖向频率为2～4 Hz时,峰值加速度限值可按线性插值选取。

装配式钢结构-多高层结构的整体稳定性应符合《高层民用建筑钢结构技术规程》(JGJ 99—2015)的要求。对框架结构应满足式(4.1)的要求,对框架-支撑结构、框架-延性墙板结构、筒体结构和巨型框架结构应满足式(4.2)的要求。

$$D_i \geqslant 5 \sum_{j=i}^{n} G_j / h_i \tag{4.1}$$

$$EJ_d \geqslant 0.7 H^2 \sum_{i=1}^{n} G_i \tag{4.2}$$

式中,D_i——第i楼层的抗侧刚度(kN/mm),可取该层剪力与层间位移的比值;

h_i——第i楼层层高(mm);

G_i,G_j——分别为第i,j楼层重力荷载设计值(kN),取1.2倍的永久荷载标准值与1.4倍的楼面可变荷载标准值的组合值;

H——房屋高度(mm);

EJ_d——结构一个主轴方向的弹性等效侧向刚度,可按倒三角形分布荷载作用下结构顶点位移相等的原则,将结构的侧向刚度折算为竖向悬臂受弯构件的等效侧向刚度。

装配式钢结构-多高层结构在计算地震作用时,对于扭转特别不规则的结构,应计入双向水平地震作用下的扭转影响;其他情况,应计算单向水平地震作用下的扭转影响。9度抗震设计时,应计算竖向地震作用。大跨度、长悬臂结构,7度(0.15g)、8度抗震设计时应计入竖向地震作用。

装配式钢结构-多高层结构的抗震计算,应采用下列方法:(1) 装配式钢结构-多高层结构宜采用振型分解反应谱法;对质量和刚度不对称、不均匀的结构以及高度超过100 m的高层民用建筑钢结构应采用考虑扭转耦联振动影响的振型分解反应谱法;(2) 高度不超过40 m、以剪切变形为主且质量和刚度沿高度分布比较均匀的装配式钢结构-多高层结构,可采用底部剪力法;(3) 7~9度抗震设防的高层民用建筑,下列情况应采用弹性时程分析进行多遇地震下的补充计算:① 甲类装配式钢结构-多高层结构;② 表4.4所列出的乙、丙类装配式钢结构-多高层结构;③ 特殊不规则的装配式钢结构-多高层结构;④ 计算罕遇地震下的结构变形,应按现行国家标准《建筑抗震设计规范》(GB 50011—2010)的规定,采用静力弹塑性分析方法或弹塑性时程分析法;⑤ 计算安装有消能减震装置的装配式钢结构-多高层结构的结构变形,应按现行国家标准《建筑抗震设计规范》(GB 50011—2010)的规定,采用静力弹塑性分析方法或弹塑性时程分析法。

表4.4　采用时程分析的房屋高度范围

烈度、场地类别	房屋高度范围/m
8度Ⅰ、Ⅱ类场地和7度	>100
8度Ⅲ、Ⅳ类场地	>80
9度	>60

4.3　装配式钢结构-多高层结构构件与节点设计

4.3.1　构件设计

装配式钢结构-多高层结构采用框架结构时,不应采用单跨框架,钢框架结构设计应符合现行国家标准的有关规定,还应符合现行行业标准《高层民用建筑钢结构技术规程》(JGJ 99—2015)的规定。当梁上设有符合现行国家标准《钢结构设计标准》(GB 50017—2017)中规定的整体式楼板时,可不计算梁的整体稳定性。梁设有侧向支撑体系,并符合现行国家标准《钢结构设计标准》(GB 50017—2017)规定的受压翼缘自由长度与其宽度之比的限值时,可不计算整体稳定。按三级及以上抗震等级设计的装配式钢结构-多高层结构,梁受压翼缘在支撑连接点间的长度与其宽度之比,应符合现行国家标准《钢结构设计标准》(GB 50017—2017)关于塑形设计时的长细比要求。框架梁与柱的连接宜采用梁翼缘扩展式、梁翼缘局部加宽式、盖板式等加强型连接。在罕遇地震作用下可能出现塑性铰处,梁的上下翼缘均应设置侧向支撑点。对于层数不超过 6 层且抗震设防烈度不超过 8 度的装配式钢结构-多高层结构,当建筑设计要求室内不外露结构轮廓时,框架柱可采用由热轧(焊接)H 型钢与部分 T 型钢组成的异型柱截面;当有可靠依据时,适用高度可适当增加。

装配式钢结构-多高层结构采用框架-支撑结构时,结构设计应符合现行国家标准的有关规定,还应符合现行行业标准《高层民用建筑钢结构技术规程》(JGJ 99—2015)的规定。宜采用偏心支撑或屈曲约束支撑,支撑框架在两个方向的布置均宜基本对称,支撑框架之间楼盖的长宽比不宜大于 3。采用中心支撑时,宜采用十字交叉斜杆、单斜杆、人字形斜杆或 V 形斜杆体系。中心支撑斜杆的轴线应交汇于框架梁柱的轴线上。抗震设计时不应采用 K 形斜杆体系。当采用只能受拉的单斜杆体系时,应同时设置不同倾斜方向的两组单斜杆,且每层不同方向单斜杆的截面面积在水平方向的投影面积之差不得大于10%。采用偏心支撑时,偏心支撑框架的每根支撑应至少有一端与框架梁连接,并在支撑与梁交点和柱之间或同一跨内另一支撑与梁交点之间形成消能梁段。采用屈曲约束支撑时,宜采用人字支撑、成对布置的单斜杆支撑等形式,不应采用 K 形或 X 形,支撑与柱的夹角宜在 35°~55°之间。屈曲约束支撑受压时,其设计参数、性能检验和作为一种消能部件的计算方法可按相关要求设计。当支撑翼缘朝向框架平面外,且采用支托式连接时,其平面外计算长度可取轴线长度的 0.7 倍;当支撑腹板位于框架平面内时,其平面外计算长度可取轴线长度的 0.9 倍。当支撑采用节点板进行连接时,在支撑端部与节点板约束点连线之间应留有 2 倍节点板厚的间隙,且应进行下列验算:(1) 支撑与节点板间焊缝的强度验算;(2) 节点板自身的强度和稳定验算;(3) 连接板与梁柱间焊缝的强度验算。装配式钢结构-多高层结构住宅中,消能梁段与支撑连接的下翼缘处无法设置侧向支撑时,应采取其他可靠措施保证连接处能够承受不小于梁段下翼缘轴向极限承载力 6%的侧向集中力。

装配式钢结构-多高层结构采用框架-延性墙板结构时,钢板剪力墙和钢板组合剪力墙的设计应符合现行行业标准《高层民用建筑钢结构技术规程》(JGJ 99—2015)和《钢板剪力墙技术规程》(JGJ/T 380—2015)的规定。内嵌竖缝混凝土剪力墙的设计应符合行业标准《高层民用建筑钢结构技术规程》(JGJ 99—2015)的规定。当采用钢板剪力墙时,应考虑竖向荷载对钢板剪力墙的不利影响;当采用开竖缝的钢板剪力墙且层数不高于 18 层时,可不考虑竖向荷载对钢板剪力墙性能的不利影响。

装配式钢结构-多高层结构采用交错桁架结构时,交错桁架钢结构的设计应符合现行行业标准《交错桁架钢结构设计规程》(JGJ/T 329—2015)的规定。当桁架设置成奇数榀时,应注重控制层间刚度比;当桁架设置成偶数榀时,应注重控制水平荷载作用下的偏心影响。桁架可采用混合桁架[图 4.1(a)]和空腹桁架[图 4.1(b)]两种形式,设置走廊处可不设斜杆。当底层局部无落地桁架时,应在底层对应轴线及相邻两侧设横向支撑(图 4.2)。交错桁架的纵向可采用钢框架结构、钢框架-支撑结构、钢框架-延性墙板结构或其他可靠结构形式。

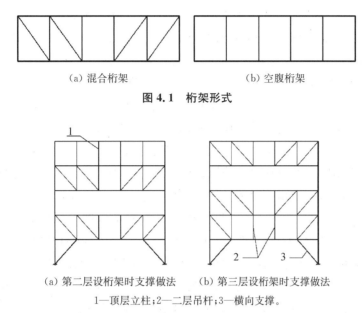

(a) 混合桁架   (b) 空腹桁架

图 4.1　桁架形式

(a) 第二层设桁架时支撑做法　(b) 第三层设桁架时支撑做法

1—顶层立柱;2—二层吊杆;3—横向支撑。

图 4.2　支撑、吊杆、立柱

　　装配式钢结构-多高层结构采用钢框架-筒体结构时,必要时可设置由筒体外伸臂或外伸臂和周边桁架组成的加强层。伸臂桁架设置在外框架柱与核心构架或核心筒之间,宜在全楼层对称布置。抗震设计结构中设置加强层时,宜采用延性较好、刚度及数量适宜的伸臂桁架及(或)腰桁架,避免加强层范围产生过大的层刚度突变。巨型框架中设置的伸臂桁架应能承受和传递主要的竖向荷载及水平荷载,应与核心筒构架或核心筒墙体及外框巨柱有同等的抗震性能要求。9 度抗震设防时不宜使用伸臂桁架及腰桁架。

　　装配式钢结构-多高层结构的框架柱采用箱形截面且壁厚不大于 20 mm 时,宜选用直接成方工艺成型的冷弯方(矩)型焊接钢管;当箱形截面过大或壁厚大于 20 mm 时,宜选用焊接箱型柱。框架柱采用圆钢管时,宜选用直缝焊接圆钢管,其截面规格的径厚比不宜小于 20(Q235 钢)或 25(Q355 钢)。楼盖宜采用压型钢板现浇混凝土组合楼盖或钢筋混凝土楼盖,并应与钢梁有可靠连接。对转换层楼盖或楼板有大洞口等情况,必要时可设置水平支撑。

　　装配式钢结构-多高层结构在抗震设计时,连接设计应符合构造措施要求,按弹塑性设计,连接的极限承载力应大于构件的全塑性承载力。连接构造应体现装配化的特点,连接形式可采用螺栓连接或焊接。连接节点的形式不应对其他专业或使用功能有影响。在有可靠依据时,梁柱可采用全螺栓连接的半刚性连接,结构计算应考虑节点转动刚度的影响。

　　装配式钢结构-多高层结构的楼板可选用工业化程度高的压型钢板组合楼板、钢筋桁架楼承板组合楼板、钢筋桁架混凝土叠合楼板、预制带肋底板混凝土叠合楼板（PK板）及预制预应力空心板叠合楼板（SP板）等；楼板应与钢结构主体进行可靠连接；抗震设防烈度为6、7度且房屋高度不超过28 m时，可采用装配式楼板（全预制楼板）或其他轻型楼盖。当有可靠依据时，建筑高度可增加至50 m，并应采取下列措施之一保证楼板的整体性：（1）设置水平支撑；（2）加强预制板之间的连接性能；（3）增设带有钢筋网片的混凝土后浇层；（4）其他可靠方式。装配式钢结构建筑可采用装配整体式楼板（混凝土叠合板），但《高层民用建筑钢结构技术规程》（JGJ 99—2015）第3.2.2条中的高度限值应适当降低；楼盖舒适度应符合国家现行标准《混凝土结构设计规范》［GB 50010—2010（2015年版）］及《高层建筑混凝土结构技术规程》（JGJ 3—2010）的要求。

装配式钢结构-多高层结构可采用装配式混凝土楼梯，也可采用梁式钢楼梯；当采用钢楼梯时踏步宜采用预制混凝土板；楼梯宜与主体结构柔性连接，不宜参与整体受力。

装配式钢结构-多高层结构超过50 m时应设置地下室，其基础埋置深度，当采用天然地基时不宜小于房屋总高度的1/15，当采用桩基时，桩承台埋深不宜小于房屋总高度的1/20。框架-支撑（抗震墙板）结构中竖向连续布置的支撑（抗震墙板）应延伸至基础，当地下室对于局部抗侧力构件的设置有影响时，可移动至相邻跨设置。钢框架柱应至少延伸至地下一层，其竖向荷载应直接传至基础，当地下室不小于两层，且嵌固端在地下室顶板时，延伸至地下室底板的钢柱脚可采用铰接或刚接，当采用刚接时可不考虑连接系数。

4.3.2 节点设计

装配式钢结构-多高层结构的主要节点包括：梁与柱、梁与梁、柱与柱以及柱脚的连接节点。

（1）钢结构的连接节点，当非抗震设计时，应按结构处于弹性受力阶段设计；当抗震设计时，应按结构进入弹塑性阶段设计，而且节点连接的承载力应高于构件截面的承载力。

（2）对于有抗震设防要求的结构，当风荷载起控制作用时，仍应满足抗震设防的构造要求。

（3）按抗震设计的钢结构框架，在强震作用下塑性区一般会出现在距梁端（柱贯通型梁-柱节点）或柱端（梁贯通型梁-柱节点）算起的1/10跨长或2倍截面高度范围内。为考虑构件进入全塑性状态仍能正常工作，节点设计应保证构件直至发生充分变形时节点不致破坏，应验算下列各项：

① 节点连接的最大承载力；

② 构件塑性区的板件宽厚比；

③ 受弯构件塑性区侧向支撑点间的距离；

④ 梁-柱节点域中柱腹板的宽厚比和抗剪承载力。

（4）构件节点、杆件接头和板件拼装，依其受力条件，可采用全熔透焊缝或部分熔透焊缝。遇到下列情况之一时，应采用全熔透焊缝：

① 要求与母材等强的焊接连接;

② 框架节点塑性区段的焊接连接。

(5) 为了焊透和焊满,焊接时均应设置焊接垫板和引弧板。

(6) 钢结构承重构件采用高强度螺栓连接时,应采用摩擦型连接,以避免在使用荷载下发生滑移,增大节点的变形。

(7) 高强度螺栓连接的最大受剪承载力。

(8) 在节点设计中,节点的构造应避免采用约束度大和易使板件产生层状撕裂的连接形式。

节点连接根据连接方法的不同可分为:全焊连接(通常翼缘坡口采用全焊透焊缝,腹板采用角焊缝连接)、栓焊混合连接(翼缘坡口采用全熔透焊缝,腹板则采用高强度螺栓连接)和全螺栓连接(翼缘、腹板全部采用高强度螺栓连接)。

全焊连接:传力充分,不会滑移,良好的焊接构造与焊接质量,可以为结构提供足够的延性;然而焊接部位常留有一定的残余应力。

栓焊混合连接:先用螺栓安装定位,然后翼缘施焊,操作方便,应用比较普遍。试验表明,此类连接的滞回曲线与全焊连接情况类似,但翼缘焊接将使螺栓预拉力平均降低20%左右。因此,连接腹板的高强度螺栓实际预拉力要留有一定富余。

全螺栓连接:全部高强度螺栓连接,施工便捷,符合工业化生产的需要;但接头尺寸较大,钢板用量稍多,费用较高。强震时,接头可能产生滑移。

在我国的钢结构工程实践中,柱的工地接头多采用全焊连接;梁的工地接头多采用全螺栓连接;梁与柱的连接多采用栓焊混合连接。

1. 柱-柱节点设计

(1) 一般要求

钢柱的工地接头,一般宜设置在主梁顶面以上 1.0～1.3 m 处,以方便安装;抗震设防时,应位于框架节点塑性区以外,并按等强设计。

为了保证施工时能抗弯以及便于校正上下翼缘的错位,钢柱的工地接头应预先设置安装耳板。耳板厚度应根据阵风和其他施工荷载确定,并不得小于 10 mm,待柱焊接好后用火焰喷枪将耳板切除。耳板宜设置在柱的一个主轴方向的翼缘两侧。对于大型箱形截面柱,有时在两个相邻的互相垂直的柱面上设置安装耳板。

(2) H 型柱的接头

H 型柱的接头可采用全螺栓连接、栓焊混合连接、全焊连接。H 型柱的工地接头通常采用栓焊混合连接,此时柱的翼缘宜采用坡口全熔透焊缝或者部分熔透焊缝连接;柱的腹板可采用高强度螺栓连接。当柱的接头采用全焊连接时,上柱的翼缘应开 V 形坡口,腹板应开 K 形坡口或带钝边的单边 V 形坡口焊接。轧制 H 型柱应在同一截面拼接;焊接 H 型柱,其翼缘和腹板的拼接位置应相互错开不小于 500 mm 的距离,且要求在柱的拼接接头上、下方各 100 mm 范围内,柱翼缘和腹板之间的连接采用全熔透焊缝。柱的接头采用全螺栓连接时,柱的翼缘和腹板全部采用高强度螺栓连接。

（3）箱形截面柱的接头

箱形截面柱的工地接头应采用全焊连接。箱形截面柱接头处的上节柱和下节柱均应设置横隔。其下节箱形截面柱上端的隔板，应与柱口齐平，且厚度不宜小于 16 mm，其边缘应与柱口截面一起刨平，以便与上柱的焊接垫板有良好的接触面；在上节箱形截面柱安装单元的下部附近，也应设置上柱横隔板，其厚度不宜小于 10 mm，以防止运输、堆放和焊接时截面变形。在柱的工地接头上、下方各 100 mm 范围内，箱形截面柱壁板相互间的组装焊缝应采用坡口全熔透焊缝。

（4）非抗震设防柱的接头

对于非抗震设防的钢结构，当柱的弯矩较小且不产生拉力时，柱接头的上、下端应磨平顶紧，并应与柱轴线垂直，这样处理后的接触面可直接传递 25％ 的压力和 25％ 的弯矩；接头处的柱翼缘可采用带钝边的单边 V 形坡口"部分熔透"对接焊缝连接，其坡口焊缝的有效深度不宜小于壁厚的 1/2。

（5）变截面柱的接头

柱需要改变截面时，应优先采用保持柱截面高度不变而只改变翼缘厚度的方法；必须改变柱截面高度时，应将变截面区段限制在框架梁-柱节点范围内，使柱在层间保持等截面。为确保施工质量，柱的变截面区段的连接应在工厂内完成。

柱的变截面段位于梁-柱接头位置时，柱的变截面区段的两端与上、下层柱的接头位置应分别设在距梁的上、下翼缘均不宜小于 150 mm 的高度处，以避免焊缝影响区相互重叠。

箱形截面柱变截面区段加工试件的上端和下端，均应另行设置水平盖板，其盖板厚度不应小于 16 mm；接头处柱的断面应铣平，并采用全熔透焊缝。

对于非抗震设防的结构，不同截面尺寸的上、下段柱，也可通过连接板（端板）采用全螺栓连接。H 型柱的接头，可插入垫板来填补尺寸差；箱形截面柱的接头，也可采用端板对接。

（6）箱形截面柱与十字形截面柱的连接

高层建筑钢结构的底部常设置型钢混凝土结构过渡层，此时，H 形截面柱向下延伸至下部型钢混凝土结构内，即下部型钢混凝土结构内仍采用 H 形截面；而箱形截面柱向下延伸至下部型钢混凝土结构后，应改用十字形截面，以便与混凝土更好地结合。

上部钢结构中箱形截面柱与下层型钢混凝土柱的十字形芯柱的相连处，应设置两种截面共存的过渡段，其十字形芯柱的腹板伸入箱形截面柱内的长度应不小于箱形截面钢柱截面高度加 200 mm；过渡段应位于主梁之下，并紧靠主梁。

与上部钢柱相连的下层型钢混凝土柱的型钢芯柱，应沿楼层全高设置栓钉，以加强它与外包混凝土的黏结。其栓钉间距与列距在过渡段内宜采用 150 mm，最多不能大于 200 mm；在过渡段外不大于 300 mm。栓钉直径多采用 19 mm。

（7）十字形截面钢柱的接头

非抗震设防结构的十字形截面钢柱的接头可采用栓焊混合连接；有抗震设防要求的结构，其十字形截面钢柱的接头应采用全焊连接。

2. 梁与梁的连接节点设计

梁-梁连接主要包括主梁之间的拼接节点、主梁与次梁之间的连接节点等。

（1）主梁的接头

主梁的拼接点位于框架节点塑性区域以外,尽量靠近梁的反弯点位置。主梁的接头主要用于柱外悬臂梁段与中间梁段的连接,可采用全螺栓连接、栓焊混合连接、全焊连接的接头形式。工程中,全螺栓连接和栓焊混合连接两种形式较为常见。

① 全螺栓连接

梁的翼缘和腹板均采用高强度螺栓摩擦型连接,拼接板原则上应双面配置。梁翼缘采取双面拼接板时,上、下翼缘的外侧拼接板厚度 t_1 应不小于 4 倍内测拼接板厚度 t_2,且 $t_2 \geqslant t_1 B/4b$（B 为钢梁翼缘宽度,b 为拼接板宽度）;当梁翼缘宽度较小,内测配置拼接板有困难时,也可仅在梁的上、下翼缘的外侧配置拼接板,拼接材料的承载力应不低于所拼接板件的承载力。梁腹板采用双面拼接板时,其拼接板厚度 $t_{w1} \geqslant t_w h_w/(2h_{w1})$（$t_w$,$h_w$ 分别为钢梁腹板厚度和高度;h_{w1} 为拼接板顺梁高方向的宽度）,且不小于 6 mm。

② 栓焊混合连接

梁的翼缘采用全熔透焊缝连接,腹板采用高强度螺栓摩擦型连接。

③ 全焊连接

梁的翼缘和腹板均采用全熔透焊缝连接。

（2）主梁和次梁的连接

主梁和次梁的连接一般采用简支连接。当次梁跨度较大、跨数较多或者荷载较大时,为了减小次梁的挠度,次梁与主梁可采用刚性连接。

① 简支连接

主梁与次梁的简支连接,主要是将次梁腹板与主梁上的加劲肋（或连接角钢）用高强度螺栓相连。当连接板为单板时,其厚度不应小于梁腹板的厚度;当连接板为双板时,其厚度宜取梁腹板厚度的 0.7 倍。当次梁高度小于主梁高度一半时,可在次梁端部设置角撑,与主梁连接,或将主梁的横向加劲肋加强,用以防止主梁的受压翼缘侧移,起到侧向支撑的作用。次梁与主梁的简支连接,按次梁的剪力和考虑连接偏心产生的附加弯矩设计连接螺栓。

② 刚性连接

次梁与主梁的刚性连接,次梁的支座压力仍传给主梁,支座弯矩则在两相邻跨的次梁之间传递。次梁上翼缘用拼接板跨过主梁相互连接,或次梁上翼缘与主梁上翼缘垂直相交焊接。由于刚性连接构造复杂,且易使主梁受损,故较少采用。次梁与主梁的刚性连接,可采用全螺栓连接或栓焊混合连接。

（3）梁腹板开孔的补强

① 开孔位置

梁腹板上的开孔位置,宜设置在梁的跨度中段 1/2 跨度范围内,应尽量避免在距梁端 1/10 跨度或梁高的范围内开孔;抗震设防的结构不应在隔撑范围内设孔。相邻圆形孔口边缘间的距离不得小于梁高,孔口边缘至梁翼缘外皮的距离不得小于梁高的 1/4;矩形孔口与相邻孔口间的距离不得小于梁高或矩形孔口长度中的较大值;孔口上下边缘至梁翼缘外皮的距离不得小于梁高的 1/4。

② 孔口尺寸

梁腹板上的孔口高度(直径)不得大于梁高的 1/2,矩形孔口长度不得大于 750 mm。

③ 孔口的补强

钢梁中的腹板开孔时,孔口应予以补强,并分别验算补强开孔梁受弯和受剪承载力,弯矩可仅由翼缘承担,剪力由孔口截面的腹板和补强板共同承担。

A. 圆形孔的补强。当钢梁腹板中的圆形孔直径小于或等于 1/3 梁高时,可不予补强;圆孔大于 1/3 梁高时,可采用下列方法予以补强:

a. 环形加劲肋补强:加劲肋截面不宜小于 100 mm×10 mm,加劲肋边缘至孔口边缘的距离不宜大于 12 mm。

b. 套管补强:补强钢套管的长度等于或稍短于钢梁的翼缘宽度;其套管厚度不宜小于梁腹板厚度;套管与梁腹板之间采用角焊缝连接,其焊脚尺寸取 $h_f = 0.7t_w$。

c. 环形板补强:若在梁腹板两侧设置,环形板的厚度可稍小于腹板厚度,其宽度可取 $75 \sim 125$ mm。

d. 若钢梁腹板中的圆形孔为有规律布置时,可在梁腹板上焊接 V 形加劲肋,以补强空洞,从而使有孔梁形成类似于桁架结构工作。

B. 矩形孔的补强。矩形孔口的四周应采用加强措施;矩形孔口上、下边缘的水平加劲肋端部宜伸至孔口边缘以外各 300 mm;当矩形孔口长度大于梁高时,其横向加劲肋应沿梁全高设置;当孔口长度大于 500 mm 时,应在梁腹板两侧设置加劲肋。矩形孔口的纵向和横向加劲肋截面尺寸不宜小于 125 mm×18 mm。

3. 梁柱连接节点设计

根据梁、柱的相对位置,梁-柱节点可分为柱贯通型和梁贯通型两种类型。一般情况下,为简化构造和方便施工,框架的梁-柱节点宜采用柱贯通型;当主梁采用箱形截面时,梁-柱节点宜采用梁贯通型。

根据约束刚度不同,梁-柱节点可分为刚性节点、柔性节点和半刚性节点三大类。刚性节点是指节点受力时,梁-柱轴线之间的夹角保持不变。实际工程中,只要节点对转角的约束能达到理想刚接的 90% 以上时,即可认为是刚性节点。工程中的全焊连接、栓焊混合连接以及借助 T 型铸钢件的全螺栓连接属此类型。柔性节点是指节点受力时,梁-柱轴线之间的夹角可任意改变(无任何约束)。实际使用中只要梁-柱轴线之间夹角的改变量达到理想铰接转角的 80% 以上(即转动约束不超过 20%),即可视为柔性节点。工程中仅在梁腹板使用角钢或钢板通过螺栓与柱进行的连接属此类型。半刚性节点介于以上两者之间,它的承载力和变形能力同时对框架的承载力和变形都会产生极为显著的影响。工程中借助端板或者在梁上、下翼缘布置角钢的全螺栓连接等形式属此类型。

钢梁与钢柱的刚性连接节点,一般应进行抗震框架节点承载力计算、连接焊缝和螺栓的强度验算、柱腹板的抗压承载力验算、柱翼缘的受拉区承载力验算、梁-柱节点域承载力验算 5 项内容。

(1) 基本要求

① 柱在两个互相垂直的方向都与梁刚性连接时,宜采用箱形截面;当仅在一个方向与梁刚性连接时,宜采用 H 形截面,并将柱腹板置于刚接框架平面内。

② 箱形截面柱或 H 形截面柱与梁刚性连接时,应符合下列要求:

a. 当采用全焊连接、栓焊混合连接时,梁翼缘与柱翼缘间应采用坡口全熔透焊缝连接。

b. 当采用栓焊混合连接时,梁腹板宜采用高强度螺栓与柱(借助连接板)进行摩擦型连接。

③ 对于焊接 H 形截面柱和箱形截面柱,当框架梁与柱刚性连接时,在梁上翼缘以上和下翼缘以下各 500 mm 节点范围内的 H 形截面柱翼缘与腹板间的焊缝或箱形截面柱壁板间的拼接焊缝,应采用坡口全熔透焊缝连接。

④ 框架梁轴线垂直于柱翼缘的刚性连接节点,应符合下列要求:

a. 当框架梁垂直于 H 形截面柱翼缘,且梁与柱直接相连时,常采用栓焊混合连接。对于非地震区的钢框架,腹板的连接可采用单片连接板和单列高强度螺栓;对于抗震设防钢框架,腹板宜采用双片连接板和不少于两列高强度螺栓连接。

b. 当框架梁与箱形截面柱进行栓焊混合连接时,在与框架梁翼缘相应的箱形截面柱中,应设置贯通式水平隔板。

c. 框架梁采用悬臂梁段与柱刚性连接时,悬臂梁段与柱之间应采用全焊连接,并应预先在工厂完成,其悬臂梁段与跨中梁段的现场拼接,可采用全螺栓连接或栓焊混合连接。

d. 工形截面柱的横向水平加劲肋与柱翼缘的连接,应采用坡口全熔透焊缝,与柱腹板的连接可采用角焊缝;箱形截面柱中的隔板与柱的连接,应采用坡口全熔透焊缝。

⑤ 梁轴线垂直于 H 型柱腹板的刚性连接节点,其构造应符合下列要求:

a. 应在梁上、下翼缘的对应位置设置柱的横向水平加劲肋,且该横向水平加劲肋宜伸出柱外 100 mm,以避免加劲肋在与柱翼缘的连接处因板件宽度的突变而破坏。

b. 水平加劲肋与 H 型柱的连接,应采用全熔透对接焊缝。

c. 在梁高范围内,与梁腹板对应位置,在柱的腹板上设置竖向连接板。

d. 梁与柱的现场连接中,梁翼缘与横向水平加劲肋之间采用坡口全熔透焊缝连接;梁腹板与柱上的竖向连接板相互搭接,并用高强度螺栓摩擦型连接。

e. 当采用悬臂梁段时,其悬臂梁段的翼缘与腹板应全部采用全熔透对接焊缝与柱相连,该对接焊缝宜在工厂完成。

f. 柱上悬臂梁段与钢梁的现场拼接接头,可采用高强度螺栓摩擦型连接的全栓连接,或全焊连接,或栓焊混合连接。

⑥ 当梁与柱的连接采用栓焊混合连接的刚性节点时,其梁翼缘连接的细部构造应符

合以下要求：

a. 梁翼缘与柱的连接焊缝，应采用坡口全熔透焊缝，并按规定设置不小于 6 mm 的间隙和焊接衬板，且在梁翼缘坡口两侧的端部设置引弧板或引出板。焊接完毕后，宜用气刨切出引弧板或引出板并打磨，以消除起、灭弧缺陷的影响。

b. 为设置焊接衬板和方便焊接，应在梁腹板上、下端头分别作扇形切角，其上切角半径 r 宜取 35 mm，并在扇形切角端部与梁翼缘连接处以 $r=10\sim15$ mm 的圆弧过渡，以减小焊接热影响区的叠加效应；而下切角半径 r 可取 20 mm。

c. 对于抗震设防的框架，梁的下翼缘焊接衬板的底面与柱翼缘相接处，宜沿衬板全长用角焊缝补焊封闭。由于仰焊不便，焊脚尺寸可取 6 mm。

⑦ 节点加劲肋的设置

a. 当柱两侧的梁高相等时，在梁上、下翼缘对应位置的柱中腹板，应设置横向（水平）加劲肋（H 型柱）或水平加劲隔板（箱形截面柱），且加劲肋或加劲隔板的中心线应与梁翼缘的中心线对准，并采用全熔透对接焊缝与柱的翼缘和腹板连接；对于抗震设防的结构，加劲肋或隔板的厚度不应小于梁翼缘的厚度，对于非抗震设防或 6 度设防的结构，加劲肋或隔板的厚度可适当减小，但不得小于梁翼缘厚度的一半，并应符合板件宽厚比的限值。

b. 当柱两侧的梁高不等时，每个梁翼缘对应位置均应设置柱的水平加劲肋或隔板。为方便焊接，加劲肋的间距不应小于 150 mm，且不应小于柱腹板一侧的水平加劲肋的宽度；因条件限制不能满足此条件时，应调整梁的端部宽度，此时可将截面高度较小的梁腹板高度局部加大，形成梁腋，但腋部翼缘的坡度不得大于 1∶3；或采用有坡度的加劲肋。

c. 当与柱相连的纵梁和横梁的截面高度不等时，同样也应在纵梁和横梁翼缘的对应位置分别设置水平加劲肋。

⑧ 水平加劲肋的连接

a. 与 H 型柱的连接。当梁轴线垂直于 H 型柱的翼缘平面时，在梁翼缘对应位置设置的水平加劲肋与柱翼缘的连接，抗震设计时，宜采用坡口全熔透对接焊缝；非抗震设计时，可采用部分熔透焊缝或角焊缝。当梁轴线垂直于 H 型柱腹板平面时，水平加劲肋与柱腹板的连接则应采用坡口全熔透焊缝。

b. 与箱形截面柱的连接。箱形截面柱，应在梁翼缘的对应位置的柱内设置水平隔板，其板厚不应小于梁翼缘的厚度；水平隔板与柱的焊接，应采用坡口全熔透对接焊缝。当箱形截面较小时，为了方便加工，也可在梁翼缘的对应位置，沿箱型柱外圈设置水平加劲环板，并应采用坡口全熔透对接焊缝直接与梁翼缘相连。无法进行手工焊接的焊缝，应采用熔化嘴电渣焊。由于这种焊接方式产生的热量较大，为了减小焊接变形，电渣焊缝的位置应对称布置，并应同时施焊。

（2）改进梁-柱刚性连接抗震性能的构造措施

为避免在地震作用下梁-柱连接处的焊缝发生破坏，宜采用能使塑性铰自梁端外移的做法，其基本措施有两类：一是翼缘削弱型，二是梁端加强型。前者是通过在距梁端一定距离处，对梁上、下翼缘进行切削切口或钻孔或开缝等措施，以形成薄弱面，达到强震时梁的塑性铰外移的目的;后者则是通过在梁端加焊楔形盖板、竖向肋板、侧板,或者局部加宽或加厚梁翼缘等措施,以加强节点,达到强震时梁的塑性铰外移的目的。下面列出两种抗震性能较好的梁-柱节点。

① 削弱型(狗骨式)节点。狗骨式连接节点属于梁翼缘削弱型节点,其具体做法是:在距离梁端一定距离(通常取 150 mm)处,对梁上、下翼缘的两侧进行弧形切削(切削面应刨光,切削后的翼缘截面面积不宜大于原截面面积的 90%,并能承受按弹性设计的多遇地震下的组合内力),形成薄弱截面,使强震时梁的塑性铰外移。建议在 8 度Ⅲ、Ⅳ类场地和 9 度时采用该节点。

② 加强型(梁端盖板式)节点。梁端盖板式节点属于梁端加强型节点,其具体做法是:在框架梁端的上、下翼缘加焊楔形短盖板,先在工厂采用角焊缝焊于梁的翼缘,然后在现场采用坡口全熔透对接焊缝与柱翼缘相连。楔形短盖板的厚度不宜小于 8 mm,其长度宜取 $0.3h_b$(h_b 为钢梁截面高度),并不小于 150 mm,一般取 150～180 mm。

4. 柱头和柱脚设计

(1) 柱头

梁与柱的连接部分称为柱头(柱顶),其作用是将上部结构的荷载传到柱身。柱头的构造是与梁的端部构造密切相关的,轴心受压柱与梁的连接应采用铰接,框架结构的梁柱连接多数为刚接。柱头设计必须遵循传力可靠、构造简单和便于安装的原则。

① 铰接柱头

轴心受压柱是一种独立的构件,直接承受上部传来的荷载。梁与柱铰接时,梁可支承在柱顶上,亦可连于柱的侧面。梁支于柱顶时,梁的支座反力通过柱顶板传给柱身。顶板与柱用焊缝连接,顶板厚度一般取 16～20 mm。为了便于安装定位,梁与顶板用普通螺栓连接。

② 刚接柱头

单层和多层框架的梁柱连接,多数都做成刚性节点。梁端采用刚接可以减小梁跨中的弯矩,但制作施工较复杂。不论梁位于柱顶或位于柱身,均应将梁支承于柱侧。计算时,梁端弯矩只考虑由连接梁的上、下翼缘与柱翼缘的连接板和承托的顶板及焊缝(或高强度螺栓)传递,并将其代换为水平拉力和压力进行计算。梁的支座剪力则全部由连接于梁腹板的连接板及焊缝(或高强度螺栓)传递。

(2) 柱脚

柱脚的作用是将柱身内力传给基础,并和基础牢固地连接起来。柱脚的构造设计应尽可能符合结构的计算简图。在整个柱中柱脚的耗钢量大,且制造费工,设计时力求简明。

柱脚按其与基础的连接形式可分铰接与刚接两种。不论是轴心受压柱、框架柱或压弯构件,这两种形式均有采用。

① 铰接柱脚

铰接柱脚不承受弯矩,主要承受轴心压力和剪力。剪力通常由底板与基础表面的摩擦力传递。当此摩擦力不足以承受水平剪力时,应在柱脚底下设置抗剪键,抗剪键可由方钢、短 T 型钢或 H 型钢做成。而铰接柱脚仅按承受轴向压力计算,柱身传来的压力首先经柱身和靴梁间的四条焊缝传给靴梁,再经角焊缝由靴梁传给底板,最后由底板把压力传给混凝土基础。由于基础材料的强度远比钢材低,因此须在柱底设一放大的底板以增加其与基础的承压面积。平板式柱脚一般由底板和辅助传力零件(靴梁、隔板、肋板)组成,并用埋设于混凝土基础内的锚栓将底板固定。

底板上的锚栓孔应比锚栓直径大 1～1.5 倍,或做成 U 形缺口以便于柱的安装和调整。锚栓一般按构造采用 2 个 M20～M27,并沿底板短轴线设置,最后固定时,应用孔径比锚栓直径大的垫板套住锚栓并与底板焊牢。

② 刚接柱脚

刚接柱脚除传递轴心压力和剪力外,还要传递弯矩,故构造上要保证传力明确,柱脚与基础之间的连接要兼顾强度和刚度,并要便于制造和安装。

a. 整体式刚接柱脚

与铰接柱脚相同,刚接柱脚的剪力亦应由底板与基础表面的摩擦力或设置抗剪键传递,不应将柱脚锚栓用来承受剪力。

b. 分离式柱脚

每个分离式柱脚按分肢可能产生的最大压力作为承受轴向力的柱脚设计,但锚接应由计算确定。

c. 插入式柱脚

单层厂房柱的刚接柱脚消耗钢材较多,即使采用分离式,柱脚质量也约为整个柱重的 10%～15%。为了节约钢材,可以采用插入式柱脚,即将柱端直接插入钢筋混凝土杯形基础的杯口中。杯口构造和插入深度可参照钢筋混凝土结构的有关规定。

插入式基础主要需验算钢柱与二次浇灌层(采用细石混凝土)之间的粘剪力以及杯口的抗冲切强度。

4.4 装配式钢结构-多高层结构构造要求

装配式钢结构-多高层结构的轴心受压柱(两端铰接,不参与抵抗侧向力)的长细比不宜大于 $120\sqrt{235/f_y}$,框架柱的长细比,一级不应大于 $60\sqrt{235/f_y}$,二级不应大于 $70\sqrt{235/f_y}$,三级不应大于 $80\sqrt{235/f_y}$,四级及非抗震设计不应大于 $100\sqrt{235/f_y}$。柱与梁连接处,在梁上下翼缘对应位置应设置柱的水平加劲肋或隔板。加劲肋(或隔板)与柱翼缘所包围的节点域的稳定性,应满足式(4.3)的要求。

$$t_p \geqslant (h_b + h_c)/90 \tag{4.3}$$

式中:t_p——柱节点域的腹板厚度(mm),箱形截面柱时为一块腹板的厚度(mm);

h_b、h_c——分别为梁腹板、柱腹板的高度(mm)。

钢框架梁、柱板件宽厚比限值,应符合表 4.5 的规定。

表 4.5　钢框架梁柱板件宽厚比限值

板件名称		抗震等级				非抗震设计
		一级	二级	三级	四级	
柱	工形截面翼缘外伸部分	10	11	12	13	13
	工形截面腹板	43	45	48	52	52
	箱形截面壁板	33	36	38	40	40
	冷成型方管壁板	32	35	37	40	40
	圆管(径厚比)	50	55	60	70	70
梁	工形截面和箱形截面翼缘外伸部分	9	9	10	11	11
	箱形截面翼缘在两腹板之间部分	30	30	32	36	36
	工形截面和箱形截面腹板	$72-100\rho \geqslant 30$	$72-100\rho \geqslant 35$	$80-110\rho \geqslant 40$	$85-120\rho \geqslant 45$	$85-120\rho \geqslant 45$

注:1. $\rho = N/(Af)$ 为梁轴压比。

　2. 表列数值适用于 Q235 钢,采用其他牌号应乘 $\sqrt{235/f_y}$,圆管应乘 $235/f_y$。

　3. 冷成型方管适用于 Q235GJ 或 Q355GJ 钢。

中心支撑斜杆的长细比,按压杆设计时,不应大于 $120\sqrt{235/f_y}$,一、二、三级中心支撑斜杆不得采用拉杆设计,非抗震设计和四级采用拉杆设计时,其长细比不应大于 180。中心支撑斜杆的板件宽厚比,不应大于表 4.6 规定的限值。

表 4.6　中心支撑板件宽厚比限值

板件名称	一级	二级	三级	四级、非抗震设计
翼缘外伸部分	8	9	10	13
工形截面腹板	25	26	27	33
箱形截面壁板	18	20	25	30
圆管外径与壁厚之比	38	40	40	42

注:表列数值适用于 Q235 钢,采用其他牌号应乘 $\sqrt{235/f_y}$,圆管应乘 $235/f_y$。

伸臂桁架、腰桁架宜采用钢桁架。伸臂桁架设计时,不宜考虑楼板的传力作用。伸臂桁架应与核心构架柱或核心筒转角部或有 T 形墙相交部位连接。对抗震设计的结构,加强层及其上、下各一层的竖向构件和连接部位的抗震构造措施,应按规定的结构抗震等级提高一级采用。伸臂桁架与核心构架或核心筒之间的连接应采用刚接,且宜将其贯穿核心筒或核心构架,与另一边的伸臂桁架相连,锚入核心筒剪力墙或核心框架中的桁架弦杆、腹杆的截面面积不小于外部伸臂桁架构件相应截面面积的1/2。腰桁架与外框架之间应采用刚性连接。在结构施工阶段,应考虑内筒与外框的竖向变形差。对伸臂结构与核心筒及外框柱之间的连接应按施工阶段受力状况采取临时连接措施,当结构的竖向变形差基本消除后再进行刚接。伸臂桁架或腰桁架兼作转换层构件时,应按相关规定调整内力并验算其竖向变形及承载力;对抗震设计的结构还应按性能目标要求采取措施提高其抗震安全性。伸臂桁架上、下楼层在计算模型中宜按弹性楼板假定。伸臂桁架上、下楼板厚度不宜小于160 mm。

4.5　工程案例应用

4.5.1　工程概况

扬州市宝应县国强家园项目是由宝胜系统集成科技股份有限公司总承包的装配式钢结构住宅项目。项目包括国强家园17#～20#楼、地下汽车库及3#配电房、国强家园地下人防工程。项目位于扬州市宝应县南淮江路南侧、淮江复线西侧,整个地块规则呈长方形,总用地面积15 928.32 m²。图4.3(a)是项目的总平面图。项目主要功能为经济适用房住宅及少量商业和物业社区用房,小区主入口设在北侧南淮江路,4栋住宅采用装配式组合结构(现浇混凝土核心筒+钢框架结构),实施建筑产业化方案。图4.3(b)是项目的鸟瞰效果图。

(a) 总平面图　　　　　　　　(b) 鸟瞰效果图

图4.3　工程方案图

国强家园项目共4个单体建筑,17号楼地上14层,建筑面积7 044.95 m²,建筑高度44.89 m;18号楼地上15层,建筑面积11 922.98 m²,建筑高度47.79 m;19号楼地上15层,建筑面积12 120.61 m²,建筑高度47.79 m;20号楼地上14层,建筑面积10 442.54 m²,建筑高度44.89 m。内外墙采用蒸压加气混凝土墙板,楼面采用可拆卸钢筋桁架楼层板,整体绿色星级目标为二星级。表4.7为项目整体的规划指标。

表 4.7　项目整体规划指标

序号	名称			单位	数值	备注	
01	规划总用地面积				16 170.51	（约 24.3 亩）	
02	总建筑面积				44 726.45		
03	计容建筑面积				35 055.64		
	其中	住宅建筑面积			33 895.83		
		物业管理用房、社区服务、配套	物业用房	m²	412.55	≥7‰	（地上地下总建面）
			社区用房		150.60	≥3‰	
			配套用房		435.88		
		变配电房			207		
04	建筑占地面积				2 902.06		
05	消防水池、消防泵房				177.49	不计容	
	非机动车库面积				5 141.98	不计容	
	地下机动车				1 812.71	不计容	
	地下人防工程				2 493.50	不计容	
06	容积率				2.17		
07	建筑密度			%	17.10		
08	绿地率				30.00		
09	居住户数			户	472		
10	机动车停车				248		
	其中	住宅	室外	辆	117	0.7 辆/100 m² 经济适用房	
			地下		122		
		配套用房物管社区	室外		7	0.7 辆/100 m²	
11	非机动车停车库			个	472		
12	非机动车停车（配套用房物管社区）			辆	50		

4.5.2　建筑设计

　　国强家园建筑立面采用规则的"一"字形布置,配合建筑墙面凹凸关系使得整个建筑错落有致,立面简约而又不失韵律美观,由于平面功能单一,形体不可能太复杂,而且采用色彩分隔及墙体和玻璃的虚实对比,丰富整个建筑的形体,力求展现住宅建筑的温馨,与地形南侧一期建筑群体和谐统一。图 4.4 为单体建筑的立面

图 4.4　单体建筑的立面效果图

效果图。

因为是经济适用房,整个设计贯穿了"简约主义"的理念。17 号楼和 20 号楼为(-1+1+14)层,18 号楼和 19 号楼为(-1+1+15)层,多单元两电梯一楼梯三户设计。设计中整个项目依据不同的使用功能共设计了 6 种户型,通过这 6 种户型的不同组合来实现人们对住宅空间最本质的需求(套内使用面积)。图 4.5 是 3 种不同户型的组合示意图。这样做减少户型种类,来满足装配式建筑对构件规格的统一的要求,以标准化的户型设计满足人们对建筑使用空间多样化的要求,以少胜多,以简胜繁。

图 4.5　3 种户型组合图

国强家园项目采用混凝土核心筒+钢框架结构,把柱布置在整个建筑的外围,使整个建筑的内部没有一根柱子,最大化地满足了建筑大空间的要求,后期使用过程中人们可以对建筑空间进行自由的改造。

国强家园项目楼面采用可拆卸钢筋桁架楼层板,内外墙体均采用 ALC 板材。由于室内空间没有剪力墙及钢柱的制约,在建筑内墙满足设计功能的要求下,大多可以采用 150 mm 的 ALC 板来代替传统的 200 mm 的砌块,这样可以最大限度增加每种户型的套内使用面积。本书对比了不同户型组合下混凝土剪力墙结构与钢结构两种结构形式的建筑布置,发现项目建筑面积有明显增加。图 4.6 为 A1、A2、A3 户型组合下两种结构形式的建筑平面布置图对比;图 4.7 为 B1、A2、C1 户型组合下两种结构形式的建筑平面布置图对比;图 4.8 为 B1、A2、B2 户型组合下两种结构形式的建筑平面布置图对比。

（a）剪力墙结构　　　　　　　（b）核心筒+钢框架结构

图 4.6　A1、A2、A3 户型组合的建筑平面布置

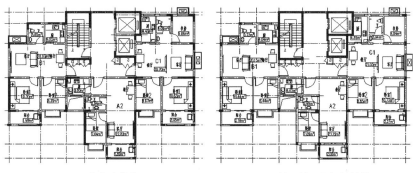

（a）剪力墙结构　　　　　　　（b）核心筒＋钢框架结构

图 4.7　B1、A2、C1 户型组合的建筑平面布置

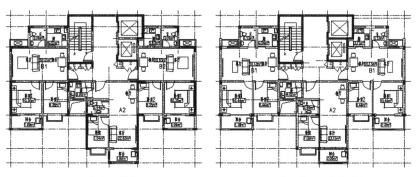

（a）剪力墙结构　　　　　　　（b）核心筒＋钢框架结构

图 4.8　B1、A2、B2 户型组合的建筑平面布置

　　计算各种户型在剪力墙结构和核心筒＋钢框架结构两种结构形式下的建筑面积，表 4.8 是混凝土剪力墙结构下各种户型的套内使用面积。表 4.9 是核心筒＋钢框架结构下各个户型的套内使用面积。对比两种结构下各户型套内使用面积，不难发现使用装配式钢结构的结构形式，各户型的套内使用面积都有很大的扩大。

表 4.8　剪力墙结构下各户型套内使用面积　　　　　　　　单位:m²

户型	客厅	卫生间	厨房	卧室 1	卧室 2	书房	阳台	合计
A1	15.27	3.09	3.46	9.32	7.04		1.82	40.00
A2	22.83	2.94	3.92	7.04			1.80	38.53
A3	15.27	2.90	3.54	9.00	7.37		1.74	39.82
B1	20.03	3.09	4.02	10.30	8.35		1.99	47.78
B2	20.03	3.09	3.67	10.30	8.35		1.99	47.43
C1	20.70	4.09	4.43	10.63	8.67	5.96	2.05	56.53

表 4.9　核心筒十钢框架结构下各户型套内使用面积　　　　单位：m²

户型	客厅	卫生间	厨房	卧室 1	卧室 2	书房	阳台	合计
A1	15.36	3.23	3.47	9.38	7.08		1.92	40.44
A2	23.15	2.99	4.02	7.09			2.00	39.25
A3	15.36	3.04	3.58	9.05	7.49		1.93	40.45
B1	20.13	3.23	4.04	10.40	8.44		2.18	48.42
B2	20.13	3.23	3.72	10.40	8.44		2.18	48.10
C1	21.03	3.94	4.55	10.73	8.85	6.04	2.27	57.41

对比两种不同结构形式下各户型的套内使用面积，计算整个项目所有的户型，计算总的套内使用面积增加值，表 4.10 是两种结构的对比及总的套内使用面积增加量。

表 4.10　各户型套内使用面积比较

户型	户数	剪力墙结构面积/m²	核心筒十钢框架结构面积/m²	剪力墙结构总面积/m²	核心筒十钢框架结构总面积/m²	增加面积/m²
A1	100	40.00	40.44	4 000.00	4 044.00	44.00
A2	158	38.53	39.25	6 087.74	6 201.50	113.76
A3	42	39.82	40.45	1 672.44	1 698.90	26.46
B1	60	47.78	48.42	2 866.80	2 905.20	38.40
B2	30	47.43	48.10	1 422.90	1 443.00	20.10
C1	100	56.53	57.41	5 653.00	5 741.00	88.00
合计						330.72

通过分析，国强家园采用的装配式钢结构形式，采用 ALC 板材替代传统蒸压加气混凝土砌块，住户得房的套内使用面积可增加 330.72 m²，大大增加了住户的建筑使用空间。

4.5.3　主体结构设计

根据《建筑结构荷载规范》（GB 50009—2012）、《建筑抗震设计规范》（GB 50011—2010）、《高层建筑混凝土结构技术规程》（JGJ 3—2010）、《装配式钢结构建筑技术标准》（GB/T 51232—2016），得出扬州市宝应县经济适用住房发展中心国强安置小区 17♯、18♯、19♯、20♯楼自然条件如下：

（1）结构设计使用年限为 50 年，安全等级为二级，结构重要性系数 1.0。

（2）抗震设防烈度为 6 度（0.05g），设计地震分组为第三组，建筑物场地土类别为 Ⅳ 类，特征周期 $T_g=0.9$ s，抗震设防类别为丙类，采用 CQC 振型反应谱法并考虑偶然偏心的影响，阻尼比取 0.04。

（3）基本风压为 $w_0=0.4$ kN/m²（重现期 50 年），地面粗糙度为 B 类，体型系数为 1.4。

（4）基本雪压为 $S_0 = 0.35$ kN/m²（重现期 50 年）。

1．设计控制指标

（1）风和多遇地震作用下的层间位移角限值为 1/1 000。

（2）主梁挠度限值 $L/400$，次梁挠度限值 $L/250$，L 为梁的跨度。

（3）梁柱应力比限值 0.9。

（4）扭平周期比限值 0.85。

（5）层间位移比限值 1.5。

2．结构体系选型

本工程地下 1 层，地上 15 层，结构高度 43.010 m，属于高层建筑。项目所在地的抗震设防烈度按 6 度（0.05g），属于低烈度区。若采用钢框架-支撑结构体系，不仅用钢量高，刚度小，在风荷载作用下就有较大的变形，顶点风振加速度相对较大，舒适性相对较差。且外墙设置支撑时会影响窗户布置，内墙布置支撑时也会占用较多的房间使用面积。若采用钢框架-钢筋混凝土核心筒混合结构体系，钢筋混凝土剪力墙抗侧刚度大，并且在风荷载作用下的变形小，顶点风振加速度小，舒适性好，同时也具有较好的经济性。

因此本工程地下室部分采用钢筋混凝土框架-核心筒结构体系；地上部分为钢框架-钢筋混凝土核心筒结构体系，为实现钢筋混凝土向钢结构过渡，钢柱延伸至基础顶部，－1 层采用型钢混凝土柱。钢筋混凝土框架抗震等级为三级，钢框架抗震等级为四级，核心筒底部加强区范围为基础顶至地上 2 层，核心筒抗震等级为二级，其抗震构造措施取一级。本工程单位面积用钢量约 55 kg/m²，在低烈度区具有较好的经济性。基础采用桩筏基础，桩采用先张法预应力混凝土实心方桩基础。

3．结构计算模型

在建筑竖向交通楼梯和电梯间周边布置厚度为 200 mm 的钢筋混凝土剪力墙，并形成筒体。在南侧外墙处设置宽度 200 mm、长度 300～400 mm 的矩形钢管柱，为保证围护等配套部品部件的通用性，柱自下至上采用相同外轮廓尺寸，仅调整钢管壁厚；钢梁采用热轧和焊接 H 型钢，并全部统一钢梁的截面高度和翼缘宽度，通过调整钢板厚度满足不同承载力的要求。这样不仅梁柱节点连接较为标准统一，同时也便于墙板安装，更容易实现结构构件和部品部件的标准化、通用化。图 4.9 为项目的结构计算三维模型和标准层模型；图 4.10 为项目标准层的结构布置图。结构的构件截面规格如表 4.11 所列。

4．计算结果分析

采用 PKPM 结构设计软件对该结构进行整体内力和变形计算，整体指标的计算结果如表 4.12 所示。

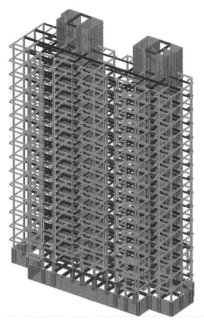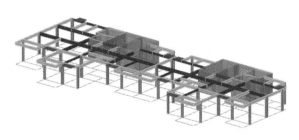

(a) 结构计算三维模型　　　　　　　　(b) 结构计算标准层模型

图 4.9　项目的结构计算三维模型和标准层模型

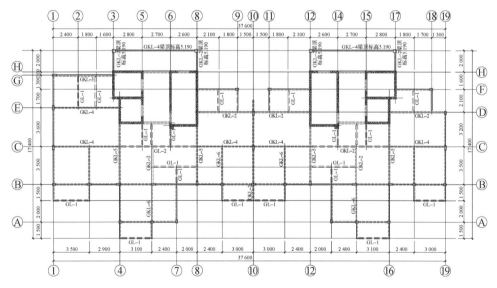

图 4.10　项目标准层的结构布置图(单位:mm)

表 4.11　结构构件截面规格表

构件	截面尺寸/mm	材质	类型
柱 1	□200×300×12×12	Q355B	冷弯矩形钢管
柱 2	□200×400×12×12	Q355B	冷弯矩形钢管
柱 3	□200×400×16×16	Q355B	焊接箱形截面

构件	截面尺寸/mm	材质	类型
柱 4	□200×400×25×25	Q355B	焊接箱形截面
梁 1	HN248×124×5×8	Q355B	热轧 H 型钢
梁 2	H248×125×8×12	Q355B	焊接 H 型钢
梁 3	H248×150×8×16	Q355B	焊接 H 型钢
梁 4	H400×125×8×12	Q355B	焊接 H 型钢
梁 5	H400×150×8×20	Q355B	焊接 H 型钢

注:□表示箱形,H 表示 H 形,HN 表示窄翼缘。

表 4.12 整体指标计算结果

类型		指标	规范限值
基本周期	T_1(X 向平动)/s	1.79	$T_3/T_1=0.73<0.85$
	T_2(Y 向平动)/s	1.65	
	T_3(扭转)/s	1.30	
风荷载作用顶点加速度和层间位移角	X 顺风向顶点最大加速度/(m·s^{-2})	0.041	<0.15
	X 横风向顶点最大加速度/(m·s^{-2})	0.036	
	Y 顺风向顶点最大加速度/(m·s^{-2})	0.095	
	Y 横风向顶点最大加速度/(m·s^{-2})	0.080	
	最大层间位移角-X 向	1/3 101	<1/400
	最大层间位移角-Y 向	1/1 195	
地震作用下位移比和层间位移角	X 向位移比	1.12	<1.5
	Y 向位移比	1.39	
	最大层间位移角-X 向	1/1 139	<1/800
	最大层间位移角-Y 向	1/1 154	
刚重比	X 方向	3.54	>1.4
	Y 方向	4.01	

从计算结果可以看出,扭平周期比 $T_3/T_1<0.85$,位移比小于 1.5,说明结构具有较好的抗扭刚度。风荷载作用下 X、Y 方向层间位移角分别为 1/3 101 和 1/1 195,远小于规范限值 1/800;风荷载作用下的最大风振加速度为 0.95 m/s²,远小于限值 0.15 m/s²,说明结构在正常使用情况下的变形和舒适度均接近于钢筋混凝土框剪结构,具有较高的舒适度。地震作用下 X、Y 方向层间位移角分别为 1/1 139 和 1/1 154,说明结构在地震作用下具有较好的刚度。刚重比大于 2.7,可不考虑重力二阶效应的影响,整体稳定性满足规范要求。

规定水平力下,钢筋混凝土核心筒分担的地震倾覆力矩百分比约 90%,钢框架所分担的地震剪力比例小于10％,根据规范将每层钢框架分担的地震剪力标准值调整到结构底部总地震剪力标准值的15％,同时要求核心筒承担全部地震剪力,且墙体抗震构造措施的抗震等级提高一级,核心筒底部加强部位分布钢筋的最小配筋率不小于0.35％,其他部位的分布筋不小于0.30％。

5. 节点设计

钢结构连接节点是钢结构工程设计的一大重点和难点,节点设计好坏,不仅影响构件传力效果和施工难度以及连接节点的标准化和通用化;同时也影响与主体结构连接的围护结构、设备管线以及内装的标准化和通用化。所以节点设计应通盘考虑,尽量做到标准统一,以便为后续施工和安装提供标准统一基础。

(1)梁与柱连接节点

矩形钢管柱设置内隔板,通过悬臂梁段与H型钢梁采用栓焊混合刚性连接。翼缘采用焊缝连接,腹板采用高强度螺栓双剪连接。本工程节点较为统一,高度相同的梁均采用图4.11所示的通用连接节点。

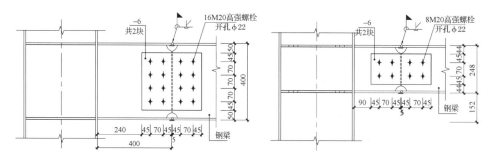

图4.11 梁柱通用连接节点详图(单位:mm)

(2)钢梁与核心筒连接节点

考虑到剪力墙面外刚度和承载力较低,为尽量减少剪力墙面外受力,钢梁与钢剪力墙连接仅腹板采用高强度螺栓柔性连接。为满足剪力墙施工偏差的要求,采用长圆孔连接。本工程节点较为统一,高度相同的梁与剪力墙的连接节点均采用图4.12所示的通用连接节点。

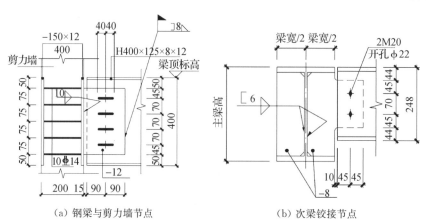

(a)钢梁与剪力墙节点 　　　　(b)次梁铰接节点

图4.12 其他节点构造(单位:mm)

（3）钢结构次梁与主梁连接节点

钢结构次梁通过腹板采用高强螺栓摩擦型连接与钢结构主梁铰接，为便于次梁安装，采用图 4.12 所示连接板外伸的节点形式。螺栓采用单排单剪，螺栓数量按照次梁规格统一确定，以保证节点的通用性。

（4）钢柱柱脚节点

为保证框架柱由钢筋混凝土柱向钢柱过渡，并保证钢柱可靠锚固，钢柱从首层地面伸至地下一层，以形成型钢混凝土过渡层。要求外包混凝土厚度不小于 200 mm，埋入混凝土部分的钢柱全长范围内设置栓钉，直径 19 mm，间距 150 mm，如图 4.13 所示。

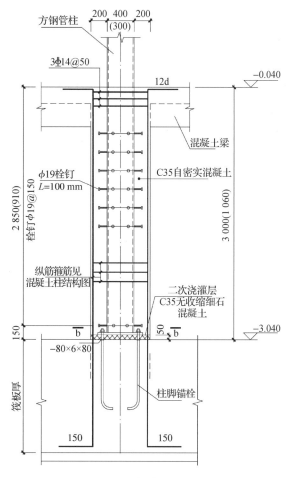

图 4.13　外包式柱脚详图（单位：mm）

4.5.4　工程围护体系

该工程围护内外围护墙板均选用 ALC 墙板，而楼板采用可拆卸模板的钢筋桁架楼承板，该楼板采用标准化制作，可以循环利用，减少材料浪费，从而降低成本。该项目的具体施工现场图片详见图 4.14 所示。

（a）可拆卸模板楼承板上部　　　　　　　　　（b）可拆卸模板楼承板下部

（c）结构主体　　　　　　　　　　　　　　（d）工程主体

图 4.14　装配式钢结构-多高层结构体系的工程应用

5 装配式钢结构-模块化体系结构设计

5.1 装配式钢结构-模块化结构体系一般规定

装配式钢结构-模块化结构设计采用以概率理论为基础的极限状态设计法(ULS),用分项系数设计表达式进行验算,并符合现行的《建筑抗震设计规范》(GB 50011—2010)、《钢结构设计标准》(GB 50017—2017)、《工程结构可靠性设计统一标准》(GB 50153—2008)、《建筑结构可靠性设计统一标准》(GB 50068—2018)及《高层民用建筑钢结构技术规程》(JGJ 99—2015)等规范标准的相应要求。

钢结构模块建筑的设计使用年限为 50 年,其相应的安全等级与重要性系数应根据国家现行相关规范选取。结构设计应按承载力极限状态(USL)和正常使用极限状态(SLS)进行。结构的计算与构造应符合现行国家标准《钢结构设计标准》(GB 50017—2017)、《冷弯薄壁型钢结构技术规范》(GB 50018—2002)、《建筑抗震设计规范》(GB 50011—2010)的规定。当钢结构模块建筑结构构件按承载力极限(ULS)设计时,构件应根据现行国家标准《建筑结构荷载规范》(GB 50009—2012)的规定,考虑荷载效应的基本组合和荷载效应偶然组合,用荷载设计值进行设计;当按正常使用极限状态(SLS)设计时,结构构件的变形应根据现行国家标准《建筑结构荷载规范》(GB 50009—2012)的规定,采用荷载的标准组合、频遇组合和准永久组合进行验算。荷载的标准值、荷载分项系数、荷载组合值系数、动力荷载的动力系数等,应按现行国家标准《建筑结构荷载规范》(GB 50009—2012)的规定采用;地震作用应根据现行国家标准《建筑抗震设计规范》(GB 50011—2010)确定。在结构设计过程中,当考虑温度变化影响时,温度变化范围可根据地点、环境、结构类型及使用功能等实际情况确定。对于直接承受动力荷载的结构,在计算强度和稳定性时,动力荷载设计值应乘动力系数;在计算疲劳和变形时,动力荷载标准值不乘动力系数。模块单元制作、吊装、连接时,作用在模块单元天花板上的施工荷载应按实际考虑,不宜小于 1.05 kN/m^2。楼面二次装修荷载应按实际考虑,不宜小于 0.8 kN/m^2。

结构构件和节点应做到强节点、强连接和防止脆性破坏。应加强模块整体框架和支撑体系的整体性,增加相邻模块梁间、柱间的连接,防止结构失稳和倾覆。计算钢结构模块建筑构件和节点的强度、稳定性以及连接强度时,应采用荷载设计值,并应按承载力极限状态进行验算。应对钢结构模块建筑中复杂特殊且没有可靠设计依据的节点进行有限元分析,有必要时宜采用试验模型进行验证。在整体计算模型中,可根据有限元分析与相关试验研究成果,将模块单元间的连接进行简化。

钢结构模块建筑的计算简图与计算假定应与结构体系与节点连接的构造相符,并应按空间模型进行计算分析。采用压型钢板组合楼板的模块建筑,且组合楼板与模块单元钢骨架间有可靠连接时,楼板可按刚性平面进行计算;但当模块边缘交接处楼板不连续、或采用轻质楼板时,其楼板结构按本层模块地板主梁及次梁、下层模块顶板主梁及次梁共同组成的空间刚架结构进行计算。模块建筑的墙体和模块单元骨架的连接构造应符合墙体不参与抗侧力工作的假定。钢结构模块建筑总梁、柱、支撑的主要节点构造和位置,应与建筑设计相协调。在不影响建筑设计的情况下,可以在地板梁顶面或天花板梁的底面梁端处加腋。墙体均应采用轻质墙板,其骨架宜采用胶合木龙骨或断桥的轻钢龙骨,但该骨架不参与建筑整体结构的作用。模块单元内不应采用砌体墙,抗侧力体系中不宜采用砌体墙。

钢结构模块建筑结构构件截面的抗震验算应采用下列设计表达式:

$$S_E \leqslant R/\gamma_{RE} \tag{5.1}$$

式中:S_E——考虑多遇地震作用时,荷载和地震作用效应组合的设计值;

R——结构构件承载力设计值;

γ_{RE}——承载力抗震调整系数,对钢结构构件强度计算时取 0.75,对钢结构构件稳定计算时取 0.80,对混凝土核心筒剪力墙正、斜截面承载力计算时取 0.85。

钢结构模块建筑结构设计应符合模块建筑生产线制作和现场吊装的要求,并充分考虑模块总装厂材料供货、库存,达到零库存的目标。模块单元的尺寸应满足运输、场地条件的限制,以及标准组件的有效使用要求。模块梁、柱部位不应有缺损,连接件应完整并连接可靠。所有进场模块应有质量证明书或检修合格证明书。

5.2 装配式钢结构–模块化结构体系设计要求

模块建筑的三种结构体系:(1) 模块单元墙承重体系。墙体承重模块包括四面墙体,由竖向立柱、水平横杆和支撑组成,多采用冷弯薄壁型钢等轻钢构件。地板和顶板托梁的跨度方向平行于模块单元的短边。除了四块"外部"的墙体,也可以包括非承重隔墙,用于将所围模块内部空间划分为适当大小的房间。(2) 模块单元墙-柱承重体系。建筑的全部竖向荷载由四块"外部"的墙体和四周角柱共同承担。(3) 模块单元柱承重体系。角柱支撑模块单元类似于传统的热轧钢结构框架,模块构造形式为在方钢管角柱间布置梁高较高的纵向边梁,建筑的竖向荷载全部由模块的四根角柱承担。

钢结构模块建筑应具有明确的计算简图和合理的地震作用及水平荷载传递途径;应避免因部分结构或构件破坏而导致整个结构丧失抗震能力或对重力荷载的承载能力;应具备必要的抗震承载力,良好的变形能力和消耗地震能量的能力;对可能出现的薄弱部位,应采取措施提高其抗震承载力和刚度。结构体系布置宜有多道抗震防线;应具有合理的刚度和承载力分布,避免因局部削弱或突变形成薄弱部位,产生过大的应力集中或塑形变形集中;结构在两个主轴方向的动力特性宜相近。

钢结构模块建筑的结构宜规则布置,符合模块建筑功能区合理划分要求。其抗侧力构件的平面布置宜规则对称,侧向刚度沿竖向宜均匀变化,结构各层的抗侧力刚度中心与质量中心宜接近或重合。刚度中心和质量中心在竖向宜接近同一竖直线,且两个中心的偏心率应小于 0.15,以减少侧向力对结构产生的附加扭矩。按抗震设计的不规则结构应采取必要的加强措施,50 m 以上的中高层钢结构模块建筑不应采用严重不规则的设计方案,除非有可靠的外骨架支撑结构。

高层钢结构模块建筑其常用平面尺寸关系应符合高层钢结构建筑的相关规范的规定。但钢框筒结构采用矩形平面时,其长宽比不宜大于 1.5:1,不能满足此项要求时,内筒应采用多筒结构。结构平面形状有凹角时,凹角的伸出部分在一个方向的长度不宜超过该方向建筑总尺寸的 25%,建筑平面不宜采用角部重叠或细腰形平面布置。高层钢结构模块建筑应合理布置迎风立面,宜选用风压较小立面形状,并考虑附近建筑、地貌对该建筑的风压影响,避免在设计风速范围内出现横向风振。风荷载为建筑结构设计的主要控制因素时,宜进行数值风场模拟,并考虑横向风振作用。高层钢结构模块建筑不宜在主体建筑内设置伸缩缝。如必要设置时,抗震设防的结构伸缩缝应满足防震缝的要求。如为纯钢结构,防震缝宽度应小于相应的钢筋混凝土结构防震缝宽度的 2 倍,最小不小于 120 mm。

钢结构模块建筑剪力墙应在钢结构模块建筑上沿外墙、隔墙、分户墙均匀布置,并应尽量与建筑平面的主轴线对称;剪力墙宜在楼梯间、电梯间、管道井等平面形状突变,或荷载较大的位置布置;纵横方向上的剪力墙应考虑组合作用,形成平面上力学性能良好的形状,如 L 形、T 形、I 形、C 形、口字形。考虑组合作用的剪力墙间的连接要根据设计值进行设计;剪力墙的长度不宜过大,各个墙段的长度与高度之比不宜大于 0.33,且长度不宜大于 8.0 m;剪力墙应贯通建筑物的全高,刚度可以逐渐减弱,但应避免刚度突变,开洞时宜上下对齐;核心筒的高宽比不宜大于 12。

抗震设防的高层钢结构模块建筑宜采用规则的竖向立面布置形式;钢结构模块建筑的竖向布置应使其质量均匀分布,刚度逐渐变化,应避免刚度突变。除外安装式阳台模块外,钢结构模块建筑应避免外挑构造。若必须进行模块外挑时,宜在长边方向上外挑,且外挑距离不应大于模块长边总长的 0.25。外挑构造的所有出挑的模块应在与出挑基础首层边柱位置设置中柱以及必要的支撑,以连接相邻模块,并形成整体结构体系;未挑出模块的一端的角柱应与下部模块的角柱对应,形成连续的竖向的角柱支撑系统;上下楼层的质量比不宜大于 1.5;中高层钢结构模块建筑应避免错层布置。

钢结构模块建筑结构在风荷载和多遇地震荷载作用下弹性侧向层间位移最大值应符合表 5.1 的规定。

钢结构模块建筑在风荷载的作用下,频率低于 50 Hz 的水平振动的最大加速度应满足以下的关系:住宅和公寓楼≤0.15 m/s²;办公楼和旅馆≤0.20 m/s²。按分项系数 1.0 考虑的钢结构模块建筑的单跨楼板自振频率不应小于 8.0 Hz。

表 5.1　钢结构模块建筑结构的弹性侧向层间位移限值

模块建筑体系	风荷载	多遇地震荷载
单纯模块钢架	$h/400$	$h/300$
加密中柱模块钢架	$h/400$	$h/300$
支撑模块钢架	$h/350$	$h/300$
钢桁架剪力墙	$h/350$	$h/300$
钢桁架核心筒	$h/350$	$h/300$
混凝土核心筒	$h/800$	$h/800$

注:h 为计算楼层层高。

　　钢结构模块建筑结构弹塑性侧向位移应满足延性要求,结构层间位移角在罕遇地震作用下,12 m 以下的纯钢骨架模块建筑(无支撑),不应大于 1/40;钢支撑、钢桁架剪力墙、钢桁架核心筒、钢板剪力墙时不应大于 1/50;混凝土核心筒的钢结构模块建筑,不应大于 1/100。

　　高层纯钢结构模块建筑的结构应根据二阶效应系数数值来确定采用一阶或二阶弹性分析,并应符合现行《钢结构设计标准》(GB 50017—2017)的相关规定。对于采用混凝土核心筒作为抗侧力构造时,其稳定性设计可参照《高层建筑混凝土结构技术规程》(JGJ 3—2010)的相关规定验算。

　　体型复杂、平立面不规则的模块化建筑,应根据不规则程度、地基基础条件和技术经济等因素的比较分析,确定是否设置防震缝。防震缝应根据抗震设防烈度、结构类型、结构单元的高度和高差情况,留有足够的宽度,其两侧的上部结构应完全分开;防震缝的宽度不应小于钢筋混凝土框架结构缝宽的 1.5 倍。

5.3　装配式钢结构-模块化结构体系构件与节点设计

　　模块单元钢骨架可分为框架模块与框架支撑模块,其组成如图 5.1 所示。

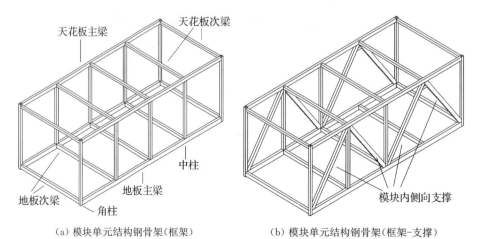

（a）模块单元结构钢骨架（框架）　　　（b）模块单元结构钢骨架（框架-支撑）

图 5.1　模块单元钢骨架图示

由框架模块组成的框架结构体系适用于1～3层的低层模块建筑；由框架支撑模块组成的框架支撑结构体系适用于4～8层的多层模块建筑；附加核心筒、剪力墙的框架支撑模块结构体系可用于9～12层以上的高层模块建筑；框架模块的楼板宜采用压型钢板组合楼板；当采用压型钢板组合楼板且要求楼盖按刚性楼盖进行计算时，模块建筑可采用模块外支撑骨架的结构体系。

模块单元为工厂内由型钢焊接而成的空间刚架，宜对其钢构件间的连接采取加强措施；地板梁沿长边方向应设置次梁，减少地板跨度，提供楼板平面内刚度；地板可以采用压型钢板组合楼板、复合板或轻钢龙骨楼板；若地板采用压型钢板组合楼板，压型钢板与钢骨架应有可靠的结构连接提供楼板平面内刚度；若地板采用复合板或轻钢龙骨楼板，应增加次梁数量，或设置楼板内水平支撑提供楼板平面内刚度；在1～3层模块建筑中，模块单元角柱、抗弯中柱应作为模块建筑抵抗侧向荷载的主要结构，在4层以上的模块建筑中，应根据实际设计加入局部侧向支撑。侧向支撑在整体模块钢框架中宜形成直接的、连接基础的传力路径；侧向支撑宜在部分模块单元长边方向和短边方向双向布置。

模块屋面体系采用现浇整体屋面或装配整体式叠合屋面时，现浇整体屋面与下部模块之间应采用抗剪连接件连接，抗剪连接件的设计与构造应符合《钢结构设计标准》(GB 50017—2017)的相关规定；装配整体式叠合屋面中预制板应采用钢构件封边，预制板封边钢构件与下部模块宜采用焊接连接，叠合屋面的设计与构造应符合《装配式混凝土结构技术规程》(JGJ 1—2014)的相关规定。

钢框-支撑中模块与非模块结构体系的水平连接施工时宜释放施工期间的竖向变形差。模块的连接件采用铸钢件时，应具有良好的焊接性能，其材质和性能应符合现行国家标准《焊接结构用铸钢件》(GB/T 7659—2010)的规定。

模块化建筑的楼盖设计应根据建筑高度、层数、设防烈度、使用与施工条件、工程造价等因素，选用合理的楼盖形式。模块化建筑宜选用保证结构整体刚度、强度、水平力可靠传递且抗震性能好的楼盖类型；构造上应满足建筑防火要求；宜根据模块化建筑的特点选用标准化、经济合理、安全可靠的楼盖形式；宜采用满足模块化建筑节能、隔声、抗裂、暗敷管线、防腐等要求的楼盖形式；楼板与梁、楼板与楼板之间应有可靠连接，保证水平力的传递和结构整体刚度。

模块化建筑的楼板可采用轻型钢结构楼板、压型钢板组合楼板、工厂预制钢筋混凝土楼板、预制混凝土圆孔板、装配整体式楼板等。轻型钢结构楼板一般采用主次龙骨或轻钢龙骨桁架结构，铺设复合板材，适用于低层、多层钢结构模块建筑。模块化建筑采用轻质楼板时，多层模块建筑，宜设置楼面水平支撑提供楼板平面内刚度；复合板材可采用增强纤维硅酸钙板、定向刨花板等；不宜采用不配钢筋的纤维水泥类板材和水泥加气发泡类板材。模块化建筑采用压型钢板组合楼板时，压型钢板基板的防腐防火应符合现行国家和行业规范规程；组合楼板压型钢板与混凝土板间的抗剪连接件，宜选用圆柱头焊(栓)钉。圆柱头焊(栓)钉应符合现行国家标准的规定，并按抗剪承载力进行设计。模块化建筑采用工厂预制钢筋混凝土楼板时，模块楼板在工厂内采用钢筋混凝土现浇制成；楼板钢筋应与模块四周边梁可靠连接;楼板模块之间应增加连接件连成整体,以保证楼板平面整体刚度。模块化建筑采用预制混凝土圆孔板时,板与梁、板与板之间的连接应符合现行相关规范及图集的要求。模块化建筑采用装配整体式楼板时,板与梁、板与板之间的连接、叠合层设计应符合现行相关规范及图集的要求。

钢结构模块建筑节点与其连接设计应安全可靠、构造合理、传力明确并方便施工,其计算和构造应符合国家现行标准《钢结构设计标准》(GB 50017—2017)及《建筑抗震设计规范》(GB 50011—2010)的规定。同时,节点构造应具有必要的延性,并避免产生应力集中和过大的焊接约束应力,并应按节点连接强于构件的原则设计;节点设计应按极限状态法进行节点域及连接承载力验算,必要时还应进行弹塑性阶段的相关验算。节点设计除按弹性方法进行节点域及连接极限承载力等计算外,应按结构进入弹塑性阶段进行节点去梁端、柱端全塑性承载力与节点域屈服承载力的验算。节点设计应进行局部管壁应力验算;节点域的梁-柱和柱-柱节点为刚接时,受力过程中刚接交角应不变;梁柱、支撑等构件的拼接接头,应按与构件极限承载力相等的原则进行设计;重要构件或节点连接的熔透焊缝不应低于二级质量等级;角焊缝质量应符合外观检查二级焊缝的要求;模块间的现场连接构造应有施拧施焊的作业空间与便于调整的安装定位措施;预埋件的锚固破坏,不应先于连接件;结构构件的连接及节点设计,应能保证结构的整体性。工厂制作的集成模块上、下边梁与模块柱的连接焊缝应采用坡口等强连接方式;梁柱节点应采用柱贯通的连接方式。

结构构件和节点应做到强节点、强连接和防止脆性破坏,应加强模块整体框架和支撑体系的整体性,增加相邻模块梁间、柱间的连接,防止结构失稳和倾覆。梁柱、支撑等构件的拼接接头,应具有与构件等强度设计构造,并进行极限承载力验算。梁、柱、支撑的主要节点构造和位置,应与建筑设计相协调。在不影响建筑设计的情况下,可在地板梁顶面或天花板梁的底面梁端处加腋。

模块化结构可根据建筑高度、地震烈度、节点的重要性等条件,设计模块连接节点的连接方式。连接节点可采用螺栓连接、焊接连接、焊接与螺栓组合连接或自锁式螺栓连接等其他可靠连接形式。模块与基础或混凝土结构地下室连接节点宜采用螺栓连接方式。模块上边梁之间可设置焊接连接节点。

钢结构模块化连接可分为三种:模块单元内部构件间连接、相邻的模块单元间结构连接、模块单元与外部支承结构连接。

钢结构模块相邻模块单元间结构连接可分为竖直方向上相邻模块间的连接和水平方向上相邻模块间的连接。建筑模块单元间连接是钢结构模块建筑的关键部分,应做到强度高、可靠性好、便于施工安装和检测。模块单元间的连接宜采用角件相互连接的构造,其节点连接应保证有可靠的抗剪、抗压与抗拔承载力;框架与模块间的水平连接宜采用连接件与模块角件连接的构造,其节点连接应为仅考虑水平力传递的构造。此外,还应根据结构、水暖电、管道线路、保温层、内外装修的完成度,确定现场连接采用的类型(焊接、螺栓连接、铆接),并应为施工安装留有操作空间、提供安全保护措施;应为节点的封闭、保护、检修、更换提供操作空间。钢结构模块单元角件连接、垫件连接应保证角件对齐并与连接件间紧密接触。模块单元内部结构构件的节点连接应在工厂内完成。模块单元间的节点连接按不同连接做法可分为盖板螺栓连接、平板扦销连接、模块预应力连接等三类节点构造。在工地现场施工时,应充分考虑到模块建筑结构、水暖电、管道线路、保温层、内外装修的完成度,并确保现场连接为焊接、螺栓

连接、铆接施工提供足够的施工空间、安全保护。连接完成后,应确保节点的封闭、保护、检修、更换等操作空间。

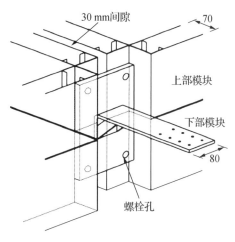

图 5.2　走廊与模块单元连接(单位:mm)

若模块单元角柱为角钢或者其他开口截面,可通过连接板和单个螺栓在模块顶部和底部进行竖直连接,同时水平连接可采用盖板螺栓连接。若模块中的角柱为方钢管,可通过方钢管中最小直径 50 mm 的检查孔,将螺栓插入端板进行模块间的连接。走廊和模块单元的连接可采用图 5.2 所示的形式。柱承重模块单元一般应在其四个角部进行水平和竖直连接。

5.4　工程案例应用

装配式钢结构-模块化体系作为一种高度集成的体系,在部分地区某些工程中已经得到应用,下文将某园区的小型模块化办公楼展示样板楼作为基本案例来进行展示。

该样板楼项目采用集装箱式模块化单元,主体骨架为轻钢龙骨骨架,通过自攻螺钉与波纹钢板形成主体结构。该样板楼主体结构内外侧通过 OSB(欧松板)板进行覆盖,覆面板与主体结构之间的空腔填充保温隔热材料。与此同时,水暖电管道通过该空腔进行布置,提高了房屋的集成化程度。工厂完成结构和装饰一体化制作之后,运送到现场,通过垫块焊接进行连接。由于该样板楼项目较小,其基础采用架空形式,具有的优点如下:

(1)安全性强,牢固耐久。集装箱作为货运载体,其本身具有坚固、耐用和安全性高的特点。通常情况下集装箱单元的基本结构不易破坏,能够保证住户安全。因为运输要求,集装箱的水密性较好,改建为房屋后具备良好的防雨性能。

(2)符合模数化、标准化要求,适应工业化建筑发展需求。集装箱作为建筑基本模块时,标准化程度高。组成的集装箱建筑极易符合工业化建筑设计、生产、施工的模数化要求。

(3)现场装配简单方便,现场工作量少,施工速度快,有效节约劳动成本。

(4)移动便捷,灵活性强。首先,集装箱建筑造型多变,可堆叠、可分割,形式多样;其次,集装箱建筑不仅安装便利,拆卸也十分方便,可搬迁、可回收利用,移动灵活。

(5)节材减耗,节能低碳。集装箱房屋的结构单体主要采用高强度钢结构,并在工厂内生产制造,施工现场只进行简单的拼装,几乎不产生建筑垃圾,同时可有效减少环境污

染和噪声,材料的浪费也比传统建筑少很多,是一种采用绿色材料、实现绿色施工的环境友好型建筑。

(6)适应性强,由于本身安装方便,此类建筑质量较轻,对于场地和基础要求较低,可建造在各种条件的场地上。

模块化建筑工程案例可参见图 5.3。

（a）模块化箱子结构外部骨架　　　　　　　　（b）模块化箱子结构内部骨架

（c）填充保温隔热材料　　　　　　　　　（d）OSB 板包裹主体结构

（e）门窗安装　　　　　　　　　　（f）外部覆面板的安装

（g）外墙的装饰品　　　　　　　　　（h）水暖电集成

（i）办公楼样板房效果图　　　　　　（j）办公楼样板房最终效果图

图 5.3　模块化建筑工程案例

6 装配式钢结构墙板与楼板体系设计

6.1 装配式钢结构围护墙板设计

围护墙板是装配式建筑的一个重要组成部分,尤其是在装配式钢结构建筑中,其实现产业化和工厂化决定着装配式钢结构的发展,因此,围护墙板设计是装配式钢结构设计重要的组成部分。装配式钢结构建筑的围护系统具有质量轻的优点,与传统建筑相比,装配式建筑的外围护系统更容易实现标准化设计、工厂化生产、装配化施工、饰面墙体体化和信息化管理。但要实现这些预期的目标,装配式钢结构建筑需要更加周密的前期策划,图纸、技术准备,以解决技术衔接等问题。

6.1.1 装配式钢结构建筑常用的围护墙体

对于我国的装配式钢结构建筑,目前在装配式钢结构建筑中应用比较成熟的围护系统有多种,主要可以分为预制墙体、组合骨架墙体以及建筑幕墙,具体可见表 6.1。装配式多高层钢结构建筑一般用于住宅建筑或者公共建筑,其中公共建筑的外墙一般采用幕墙体系,对于钢结构住宅建筑来说,幕墙体系造价偏高,不能广泛使用,一般采用预制大板体系或者预制条板体系,组合骨架墙板体系主要用于内墙板。就目前而言,国家标准、行业标准中对建筑外围护墙板没有统一的性能指标和要求,建筑外围护墙板的性能指标,只能从原则上去分析、归纳,对具体的材料种类还有特殊的要求。下面将对装配式钢结构建筑的围护墙板系统开展详细的介绍。

1. 预制混凝土墙体大板

预制混凝土墙体大板按照使用功能主要有内墙板和外墙板两种。预制混凝土墙体大板具有以下主要特点:

(1)材料强度高、耐冻融性好

预制混凝土墙体大板材料强度高,墙体挂件承重以及抗撞击能力较好;应用在外围护墙板中,能很好地满足外墙板内外侧温差较大和风雨腐蚀环境的性能要求;此外,预制混凝土墙体大板还具有厚实感,更符合我国秦砖汉瓦的居住习惯。

表 6.1　围护系统主要类型

预制墙体	预制大板体系	预制混凝土墙板	普通型	预制混凝土夹心保温外挂墙板	
			轻质型	蒸压加气混凝土板	
		拼装大板	在工厂完成支撑骨架的加工与组装、面板布置		
	预制条板体系	预制整体条板	混凝土类	普通型	硅酸盐水泥混凝土板
					硫铝酸盐水泥混凝土板
				轻质型	蒸压加气混凝土板
					轻集料混凝土板
			复合类	阻燃木塑外墙板	
				石塑阻燃木塑	
		复合夹心条板	面板＋保温夹心层		
组合骨架墙体	金属骨架组合外墙体系				
	木骨架组合外墙体系				
建筑幕墙	玻璃幕墙				
	金属幕墙				
	石材幕墙				
	人造板幕墙				

（2）构件质量好、质量标准高、制作精度高、生产效率快

预制混凝土墙体大板是在自动化生产线、现代数控技术和稳定的室内环境下完成制作，因此该类墙板具有表面平整、外观精细、尺寸准确的特点；而且一般该类生产企业都具有配套的加热养护窑，可以大大缩短养护周期。

（3）集成化程度和施工效率高

预制混凝土墙体大板在工厂制作时，可以依据水电图纸对墙板里面的管线进行定位，提前将管线埋入墙板实现集成化；此外，预制混凝土墙体大板运输到现场，只需要与主体结构固定好即可，管线施工现场不需要再次定位，施工效率大大提高。

（4）饰面表现力强，造型可塑性强，立面分割灵活

预制混凝土墙体大板的饰面可以采用清水、彩色、面砖、石材以及各种机理的表面装饰图案效果，为建筑设计提供更好的发挥空间。采用反打一次成型工艺，饰面材料连接牢固，墙板构件质量高、品质好。

① 预制混凝土墙体外墙板

当预制混凝土大板作为外墙板时，预制混凝土墙板主要是采用夹心三层或者保温材料加混凝土两层两种形式，具体见图 6.1。

② 预制混凝土墙体内墙板

当预制混凝土作为内墙板时对墙板的性能要求较外墙板要低，还可以采用陶粒混凝土或者泡沫混凝土等轻骨料混凝土来制作，减轻了墙体自重。

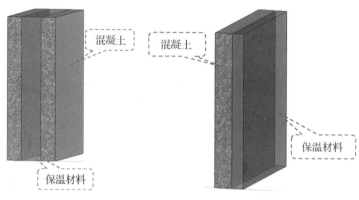

（a）夹心三层构造形式　　　　　　（b）两层构造形式

图 6.1　预制混凝土大板

2. 预制混凝土墙体大板的工业化制作过程

预制混凝土墙体大板在装配式钢结构建筑中应用时，首先依据建筑图纸进行墙板划分。得到每一块预制墙板的尺寸之后，再在图纸上进行管线定位布置，最后在工厂进行墙板制作。制作时候除了尺寸要求之外，还需要保证与主体结构连接件配套的墙板预埋件的构造和精度；待墙板满足出厂条件后，运输至施工现场进行装配连接施工。该类墙板具体工业化制作和装配过程见图 6.2。

（a）生产流水线

（b）边模定位

（c）预埋线管

（d）自动化浇灌混凝土

（e）铺设保温材料

（f）与主体结构连接墙板预埋件

（g）两叶混凝土墙板拼接

（h）预制混凝土墙体大板养护完成

（i）墙板预埋连接组件

图 6.2　预制混凝土墙体大板工业化制作以及装配过程

3. 预制轻质条板

　　轻质隔墙板具有质量轻、强度高、多重环保、保温隔热、隔声、呼吸调湿、防火、快速施工、降低墙体成本等优点。内层装有合理布局的隔热、吸声的无机发泡型材或其他保温材料,墙板经流水线浇筑、整平、科学养护而成,生产自动化程度高,规格品种多。该类墙板最常见的主要为 ALC 板,也有陶粒混凝土、泡沫混凝土等轻质材料的墙板。条板与主体钢结构连接方便,一般每一块板与主体结构单独连接,连接的形式较多,比如,钩头连接、管板连接等方式。该类墙板在应用时具有以下特点:

（1）施工简单、安装快捷

轻质节能墙板完全是干作业，装配式施工，墙板可依据需要调整宽度、长度。施工时运输简洁、堆放卫生，无须砂浆抹灰，大大缩短了工期，而且材料损耗率低，减少了建筑垃圾。由于墙体本身材质较轻，可通过叉车或者人工安装即可，不需要很大的起重设备。

（2）具有较好的装配率

由于预制轻质条板具有一定的面积，现在只需要对条板的拼缝进行勾缝即可，现场施工较少，具有较高的装配率。

（3）应用比较广泛和成熟

由于该类墙板在国外应用较多，国内引进年代也较早，具有比较完善的规范和图集，因此，该类墙板在我国装配式建筑中应用也非常成熟和广泛，许多工程中都得到应用。预制轻质条板的实物图见6.3。

图 6.3　预制轻质条板

4. 预制轻钢龙骨墙板

轻钢龙骨墙体主要是通过冷弯薄壁型钢与覆面板拼接形成，墙体内部可以填充隔声棉或者泡沫混凝土。覆面板一般采用石膏板、水泥纤维板、定向刨花板和GRC（玻璃纤维增强混凝土板）复合墙板等。墙板连接主要是通过自攻螺钉连接。

轻钢龙骨隔墙具有质量轻、强度较高、耐火性好、通用性强且安装简易的特性，有适应防震、防尘、隔声、吸音、恒温等功效，同时还具有工期短、施工简便、不易变形等优点。但是存在着墙根部易受潮、变形、霉变等问题，因此，该类墙板的底部需制作地枕基。一般采用连接件或者焊接的形式与主体钢结构连接。预制轻钢龙骨大板的实物图见图6.4。

图 6.4　预制轻钢龙骨大板

6.1.2 墙板系统性能要求

墙板在实际工程应用中,应满足一定的建筑和结构要求,尤其是外墙板系统,因为外墙板系统对建筑的节能保温有着比较大的影响。而且外墙板如果出现结构连接问题,容易产生次生灾害。外围护系统的材料种类多种多样,施工工艺和节点构造也不尽相同,应根据不同种材料特性、施工工艺和节点构造特点明确具体的性能要求。性能要求主要包括安全性、功能性和耐久性等。

(1) 安全性能要求

安全性能要求是指关系到人身安全的关键性能指标,对于装配式钢结构建筑外围护体系而言,应符合基本的承载力要求以及防火要求,具体可以分为抗风性能、抗震性能、耐撞击性能以及防火性能四个方面。外墙板应采用弹性方法确定承载力与变形,并明确荷载及作用效应组合,在荷载及作用的标准组合作用下,外墙板不能因主体结构的弹性层间位移而发生塑性变形、开裂及脱落,当主体结构层间位移角达到 1/100 时,外墙板不应发生掉落。

① 抗风性能中风荷载标准值应符合现行国家标准《建筑结构荷载规范》(GB 50009—2012)中有关外围护系统风荷载的规定,并可参照现行国家标准《建筑幕墙》(GB/T 21086—2007)的相关规定。

② 抗震性能应满足现行行业标准《非结构构件抗震设计规范》(JGJ 339—2015)中的相关规定。

③ 耐撞击性能应根据外围护系统的构成确定。幕墙体系可参照现行国家标准《建筑幕墙》(GB/T 21086—2007)中的相关规定,撞击能量最高为 900 J,降落高度最高为 2 m,试验次数不小于 10 次,同时试件的跨度及边界条件必须与实际工程相符。除幕墙体系外的外围护系统,应提高耐撞击的性能要求。外围护系统的室内外两侧装饰面,尤其是类似薄抹灰做法的外墙保温饰面层,还应明确抗冲击性能要求。

④ 防火性能应符合现行国家标准《建筑设计防火规范》[GB 50016—2014(2018 年版)]中的相关规定,试验检测应符合现行国家标准《建筑构件耐火试验方法 第 1 部分:通用要求》(GB/T 9978.1—2008)、《建筑构件耐火试验方法 第 8 部分:非承重垂直分隔构件的特殊要求》(GB/T 9978.8—2008)的相关规定。

(2) 功能性要求

功能性要求是指作为外围护体系应满足居住使用功能的基本要求。具体包括水密性能、气密性能、隔声性能、热工性能四个性能。

① 水密性能包括外围护系统中基层板的不透水性以及基层板、外墙板或者屋面板接缝处的止水、排水性能。建筑幕墙系统应参照现行国家标准《建筑幕墙》(GB/T 21086—2007)中的相关规定。

② 隔声性能应符合现行国家标准《民用建筑隔声设计规范》(GB 50118—2010)的相关规定。

③ 热工性能应符合现行国家标准《公共建筑节能设计标准》(GB 50189—2015)、《严寒

和寒冷地区居住建筑节能设计标准》(JGJ 26—2018)、《夏热冬冷地区居住建筑节能设计标准》(JGJ 134—2010)、《夏热冬暖地区居住建筑节能设计标准》(JGJ 75—2012)的相关规定。

（3）耐久性要求

耐久性要求直接影响到外围护系统使用寿命和维护保养时限。不同的材料，对耐久性的性能指标要求也不尽相同。经耐久性试验后，还需要对相关力学性能进行复测，以保证使用的稳定性。以水泥基类板材作为基层板的外墙板，应符合现行行业标准《外墙用非承重纤维增强水泥板》(JG/T 396—2012)的相关规定，满足抗冻性、耐热雨性能、耐热水性能以及耐干湿性能的要求。

1. 墙板与装配式钢结构的连接方式

装配式建筑的外墙连接形式主要包括外挂式连接和半内嵌式连接两种。在装配式钢结构建筑中，由于钢材的特质，与室外直接接触容易形成冷热桥，因此，采用上述两种方式可以很好地避免结构中冷热桥的出现，保证了建筑的保温隔热性能。装配式建筑的内墙连接则主要采用内嵌式连接。

（1）外挂式连接

外挂式连接方式即外墙板全部在主体结构外面的连接方式(图 6.5)。这种连接方式多用于板材类墙体材料，具有施工速度快，技术含量高，能够很好克服钢结构构件挠度变形对墙体造成破坏的缺陷。此外，板与板之间是同一种材料，连接相对较为容易。同时墙板包裹钢结构构件，建筑外墙平整易于装饰不易形成冷桥。但是外挂式墙板连接也存在一定的缺点。首先，对于墙板的构造材料要求较高，导致墙体造价相对较高；其次，一般外墙体不用来作为承重结构，自重全部传到连接构件上，连接构造的强度要求相应增大，对于严寒地区墙体厚度以及自重较大，就更需要注意，并且由于需要较多专用金属连接件，导致造价会比较高。同时由于墙板在结构构件外侧，室内露梁露柱。外挂墙板在装配式钢结构建筑中的应用见图 6.6。

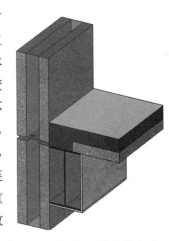

图 6.5 外墙板外挂连接方式

（a）预制混凝土大板外挂

（b）预制轻质条板外挂连接

图 6.6 外挂墙板在装配式钢结构建筑中的应用

（2）半内嵌连接

半内嵌连接方式是当外墙板过厚时导致连接不方便或者建筑空间要求室内结构柱不允许外露时采用的一种连接方式。该方式一般会把外墙板分为两层与主体结构连接。如图 6.7 所示。

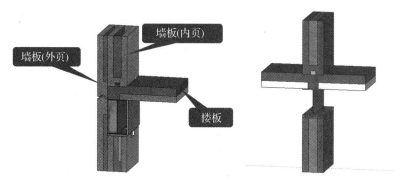

图 6.7　外墙板半内嵌连接示意图　　　　图 6.8　外墙板内嵌连接方式

（3）内嵌式连接

内嵌墙体多用于板材类墙体。该类连接方式，现场施工量较大，无法完全包裹住钢结构梁柱系统，易形成冷热桥，因此一般多用于内墙的连接。但是需要注意到钢结构构件在承受荷载时挠度变形较大，会对内嵌式墙体产生破坏，易造成楼板与墙板的接缝处漏雨和渗水，影响建筑的使用。内嵌式连接，墙板的质量直接搁置在梁上，在主体结构框架内（图 6.8），荷载直接通过本身传递，一般不需要额外的连接件来传递墙板的质量，连接节点主要是避免墙板外闪，因此一般构造比较简单和方便。图 6.9 为该类连接方式在实际工程中应用时的图片。

（a）预制大板内嵌连接　　　　　　　　（b）预制条板内嵌连接

图 6.9　工程中墙板内嵌连接示意图

2. 墙板与装配式钢结构的连接节点要求

围护墙板与主体结构的连接节点应在保证主体结构整体受力的前提下，具有以下设计原则：牢固可靠、受力明确、传力简捷、构造合理。

装配式钢结构主体结构与围护墙板的连接节点应具有足够的承载力，在承载力极限状态下,连接节点不应发生破坏,当单个节点出现破坏时,应保证外墙板不应掉落。

装配式钢结构中墙板与主体结构连接性质主要可以依据刚度的大小分为刚性和柔性两种。墙板与结构刚性连接,将会很大程度地提高结构的刚度,从而对结构受力产生较大的影响;一般会采用螺栓或者焊接的方式来实现墙板与主体结构的刚性连接,如图 6.10(a)所示。墙板与结构柔性连接,在水平荷载作用下会使结构与墙板之间产生较大的相对位移,避免墙板对结构的刚度和承载力产生影响;一般采用在连接件上开长圆孔,使螺栓或者销栓以滑动的方式来实现柔性连接,如图 6.10(b)所示。对于装配式钢结构建筑,大多数情况会选取柔性连接,保证墙板与结构主体出现相对变形,能够适应主体结构的变形能力。

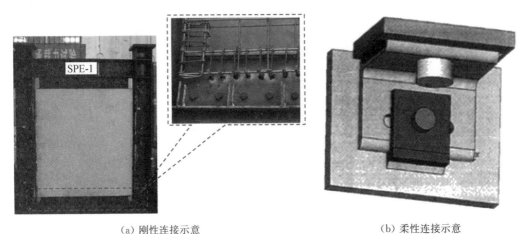

（a）刚性连接示意　　　　　　　　　　　　　　　（b）柔性连接示意

图 6.10　预制混凝土墙体大板与钢结构连接分类示意图

围护墙板与结构主体的连接节点应便于加工、现场安装就位和调整。预制墙板在现场安装时,连接节点的安装时间是整个墙板施工周期的一个重要组成部分。此外,由于外墙板与结构主体多为机械连接,还需保证连接的耐久性,应满足使用年限要求。

3. 墙板的拼缝处理

预制墙板的拼缝处理是装配式钢结构建筑中构造的重点和难点,需要建筑与结构专业结合之外,还需要某些材料的发展,比如泥子、勾缝剂以及建筑胶等来保证预制墙板的拼缝的可靠性。装配式钢结构中预制墙板的拼缝应注意以下几点:

（1）接缝处应根据当地气候条件合理选用构造防水、材料防水相结合的防排水措施。

（2）所选用的接缝材料及构造应满足防水、防渗漏、抗裂、耐久等要求。

（3）接缝材料应与外墙板具有相容性;外墙板在正常使用下,接缝处的弹性密封材料不应破坏。

（4）接缝处以及与主体结构的连接处应采取防止形成热桥的构造措施。

（5）拼缝的形式尽量选取企口形式来增加拼缝长度,减少水的渗透。

对于不同墙板的类型,由于制作工艺以及材料本身特性的不同,其拼缝构造也有不同。对于常见的预制混凝土墙体大板拼缝以及轻质隔墙拼缝构造可分别参考图 6.11 和图 6.12 所示。

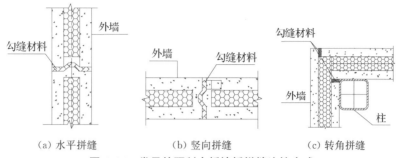

（a）水平拼缝　　　　（b）竖向拼缝　　　　（c）转角拼缝

图6.11　常见的预制大板墙板拼缝连接方式

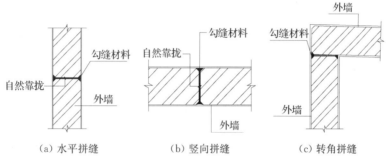

（a）水平拼缝　　　　（b）竖向拼缝　　　　（c）转角拼缝

图6.12　常见的轻质条板拼缝连接方式

6.2　装配式钢结构墙板设计

装配式钢结构墙板首先通过建筑节能计算,得到墙板中混凝土和保温材料的厚度;其次再进行结构设计,具体依据《装配式混凝土结构技术规程》(JGJ 1—2014)要求,预制混凝土外墙板应根据《混凝土结构设计规范》[GB 50010—2010(2015 年版)]进行承载力极限状态验算,同时应对墙板在脱模、吊装、运输及安装等过程的各工况进行验算。因此,预制混凝土墙体大板作为外墙板时,需要考虑在各工况下进行设计,具体如下:

（1）极限使用工况

该工况下主要是验算墙板在外荷载作用下的承载力极限状态,需要考虑的荷载如下:

风荷载设计值为 $1.4W_K$;W_K 为风荷载标准值;

水平地震荷载设计值为 $1.3F_{EK}$;F_{EK} 为地震水平作用标准值;

垂直于墙板面的水平荷载组合:$S=1.3F_{EK}+0.2\times1.4W_K$;

自重荷载设计值为 $1.2G$;G 为重力荷载代表值;

垂直地震荷载设计值为 $1.3F_{EVK}$;F_{EVK} 为竖向水平作用标准值;

平行于板面竖向荷载组合:$S=1.2G+1.3F_{EVK}$。

（2）脱模起吊工况

垂直于墙板面的脱模荷载设计值为 $1.5G$。

（3）垂直运输和吊装施工工况

平行于墙板面的竖向荷载设计值为 $1.5G$。

6.3 常见墙板连接节点构造

6.3.1 混凝土大板类连接节点

　　大板类连接节点为了方便安装以及提高效率多采用四点连接的方式,一般一个标高的两个连接点作为承重节点,另外两个作为限位节点,这样来形成墙板与主体结构的柔性连接,图 6.13 为一个典型的外挂墙板和内嵌墙板柔性连接点。下文将以这两个节点为例,进行较为详细的设计过程。

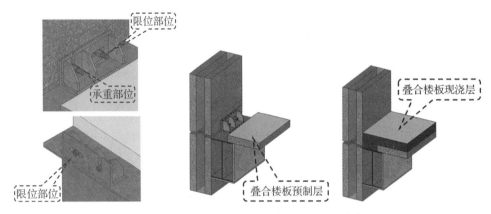

图 6.13　新型的预制混凝土墙板外挂连接节点

　　新型外挂连接节点详细构造如图 6.14 所示[图中预埋件(上)表示相对连接节点位置上部的墙板预埋件,预埋件(下)表示相对连接节点位置下部的墙板预埋件],该连接节点由角钢、加劲肋板与焊接螺柱共同组成,并通过加劲肋板分为承重部位和限位部位。节点中的焊接螺柱可现场通过焊枪快速焊接至墙板预埋钢板上传递外墙板荷载至主体结构,其施工方便灵活、受力可靠,在装配式建筑中有广泛的应用前景。

　　为方便预制外墙板的安装,承重部位在竖直方向开槽孔,螺柱焊接至预埋件(上)作为外墙板(上)的下部连接节点,承受外墙板(上)的竖向(x)、面外水平(y)以及面内水平(z)三个方向的荷载;限位部位在水平方向开长圆孔,其孔径大于焊接螺柱直径,通过螺柱焊接于预埋件(下)作为外墙板(下)的上部连接节点,承受垂直墙板(下)的面外水平荷载(y),面内水平方向(z)不再承受荷载,保证外墙板(下)面内与主体结构的相对滑移,节点可通过楼板的后浇隐藏。新型连接节点在外挂墙板中的应用如图 6.14(d)所示,既作为外挂墙板的承重节点,又为外挂墙板的限位节点,是一种典型的柔性连接节点。

　　对于内墙板连接节点,其建筑和结构要求相比外墙板要较低,因此其构造要求比较简单,但是也宜采用柔性连接的方式与主体结构连接,图 6.15 是一种典型的内墙板连接节点。

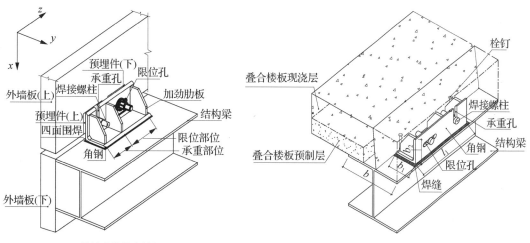

（a）外挂连接节点轴视图 （b）外挂连接节点轴视图（浇完混凝土）

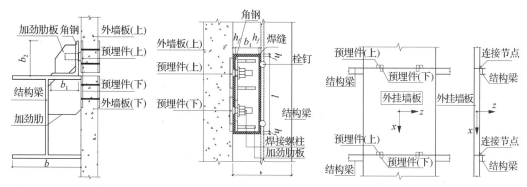

（c）外挂连接节点平视图 （d）连接节点应用示意图

h_f——连接角焊缝尺寸；b_1——角钢肢宽；

b_2——角钢肢高；b——钢梁宽度。

图 6.14 新型外挂墙板连接节点示意图

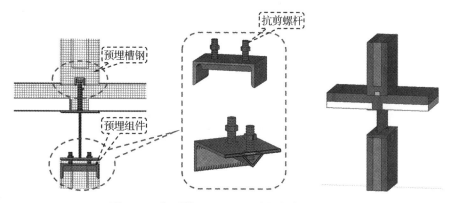

图 6.15 新型的预制混凝土墙板内嵌连接节点

6.3.2　预制大板的连接设计

装配式钢结构建筑为防止冷热桥的出现,外墙板一般采用外挂方式与主体结构连接。外墙板与结构的连接节点是钢结构住宅中的关键部位,其性能直接影响结构体系的刚度、稳定性和承载能力。如果地震时连接节点破坏,会使墙板脱落、塌落并引起严重的次生灾害。因此,对于围护墙板的连接节点的性能具有一定的要求,尤其是大板类围护墙板,其连接节点相比条板较少,可靠性要求更高,因此本节将以上文给出的新型预制混凝土外挂墙板连接节点作为设计案例进行详细介绍。

1. 荷载分析

(1) 荷载作用节点受力计算

在钢结构中,预制外墙板受到的自重荷载(x)、风荷载(y)以及地震荷载(x、y、z)通过连接节点传递至主体结构,因此连接节点应具有足够的承载力来保证墙板荷载的传递。

通过图 6.14(d)给出的构造可以看出预制外挂墙板的竖向荷载(x)全部由下部连接节点承担,与此同时,节点支撑点还会与墙板重心不重合,存在一定的偏心,因此节点还要承受在自重作用(x)下造成偏心弯矩引起的面外拉力;对于面外水平(y)荷载作用时,若荷载方向为墙板内侧法向方向,所受荷载直接传递至主体结构,因此连接节点只需考虑墙板外侧法向方向荷载[图 6.16(b)];面内水平(z)荷载主要是地震作用,由于上部节点为长圆孔,该方向的荷载由下部节点承受。墙板在竖向(x)、面外水平(y)、面内水平(z)荷载作用下节点受力简图如图 6.16 所示,计算公式见表 6.2。

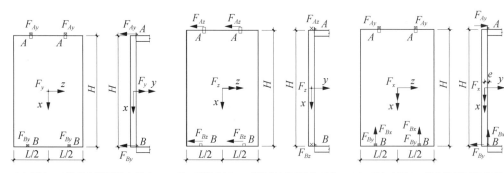

(a) 竖向(x)荷载作用下节点受力　　(b) 面外水平(y)荷载作用下节点受力　　(c) 面内水平(z)荷载作用下节点受力

图 6.16　新型外挂墙板连接节点受力简图

(注:e 表示竖向荷载偏心距,H 表示墙板高度)

表 6.2　荷载作用下连接节点受力计算公式

荷载		限位节点 A	承重节点 B
面外水平作用(y)	面外水平荷载	$F_{Ay}=\dfrac{1}{4}F_y$	$F_{By}=\dfrac{1}{4}F_y$
面内水平作用(z)	面内水平荷载	$F_{Az}=0$	$F_{Bz}=\dfrac{1}{2}F_z$
竖向作用(x)	竖向荷载	$F_{Ax}=0$	$F_{Bx}=\dfrac{1}{2}F_x$
	面外水平荷载	$F_{Ay}=\dfrac{F_xe}{2H}$	$F_{By}=\dfrac{F_xe}{2H}$

注:F_z、F_y、F_x 为墙板三个方向的荷载作用,F 为节点受力,角标为节点类型和受力方向。

计算预制外墙板的自重荷载时,考虑墙板的预埋件、后期使用阶段的墙体附加荷载以及墙板可能开洞造成节点受力不均匀,墙板自重取放大系数 1.2。水平地震荷载 $E_{y(z)}$ 计算可参考《轻型钢结构住宅技术规程》(JGJ 209—2010)取:

$$E_{y(z)} = 5.0\alpha_{max}G \tag{6.1}$$

式中:α_{max}——水平地震影响系数最大值。

竖向地震作用(E_x)可参考《非结构构件抗震设计规范》(JGJ 339—2015)取:

$$E_x = 5.0\alpha_{vmax}G \tag{6.2}$$

式中:α_{vmax}——竖向地震影响系数最大值。

(2) 荷载组合

在不同荷载组合条件下,节点可能同时承受多个方向的荷载,根据《建筑抗震设计规范》(GB 50011—2010)的相关规定,应同时考虑自重(F_x^G、F_y^G)、地震作用(F_x^{Ex}、F_y^{Ey}、F_z^{Ez})以及风荷载作用(F_y^W)的基本组合。对两个以上组合,取含有水平向最大的绝对值的向量组合作为面外水平荷载的控制组合,其组合如下:

① 面内竖向荷载(x)组合

在竖直地震作用下,节点承受自重荷载与垂直地震作用的同时作用,设计组合如下:

$$1.2 \times F_x^G + 1.3 \times F_x^{Ex} \tag{6.3}$$

$$1.35 \times F_x^G \tag{6.4}$$

② 面外水平荷载(y)组合

墙板自重、风荷载以及地震作用均会产生面外水平荷载,设计组合如下:

$$1.2 \times F_y^G + 1.3 \times F_y^{Ey} + 0.2 \times 1.4F_y^W \tag{6.5}$$

$$1.2 \times F_y^G + 1.4 \times F_y^W \tag{6.6}$$

③ 面内水平荷载(z)组合

对于该方向的面内荷载,风荷载作用非常小,可以忽略不计,仅需考虑自重荷载和水平面内地震作用,设计组合如下:

$$1.2 \times F_z^G + 1.3 \times F_z^{Ez} \tag{6.7}$$

2. 连接节点设计与截面验算

(1) 初选节点尺寸

考虑节点破坏造成的严重次生灾害,应避免焊接螺柱先于连接节点中角钢破坏,因此节点中角钢的厚度 t 选取应保证螺柱先出现承压破坏,可依据螺柱的抗剪承载力和承压承载力验算公式得出角钢厚度 t 的取值;依据梁上栓钉布置位置以及角钢焊缝尺寸可确定角钢肢宽 b_1、肢高 b_2。从轴视图 6.14(b) 可以看出角钢肢宽要满足 $b_1 \leqslant b/2 - 2h_f$,其中 b 为钢梁宽度,h_f 为连接角焊缝尺

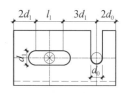

图 6.17 连接节点长度构造

寸;承重肢开孔中心距离板边应满足构造要求 $b_2 \geqslant 4d_0$,其中 d_0 为连接件开孔直径;d_1 为限位孔开孔直径;限位孔长度 l_1 取抗震设计结构层间位移;依据上述构造,宜取角钢长度 $L \geqslant 5d_1 + 2d_0 + l_1$,如图 6.17 所示。加劲肋板可依据《钢结构设计标准》(GB 50017—2017)中规

定构造布置。

外挂墙板所承受荷载通过焊接螺柱传递给角钢,随后角钢再通过焊缝把荷载传递到主体结构。根据节点力的传递途径,分别验算螺柱、角钢、焊缝承载力,其中节点在抗震组合作用下验算时,依据《装配式混凝土结构技术规程》(JGJ 1—2014),抗震调整系数取1.0。

(2)焊接螺柱验算

对于新型节点,承重部位螺柱承受外墙板三个方向的荷载作用,限位部位螺柱仅承受面外水平(y)的荷载作用,远远小于承重部位螺柱所受荷载,因此只需验算承重部位的焊接螺柱,其受力如图6.18所示。依据《电弧螺柱焊用焊接螺柱》(GB/T 902.2—2010)规程,可采用螺栓设计方法进行验算。

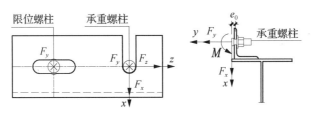

图6.18　螺柱受力简图

根据上文角钢截面试选时的要求可知,可不考虑螺柱抗剪承载力验算。由于节点支撑点与墙板边缘之间存在间隙e_0,因此,螺柱在传递外墙板竖向荷载时处于弯剪拉状态。螺柱与墙板预埋件焊接以及螺帽固定之后均看作固定端,可把螺柱看作长度为e_0两端固结受到竖向荷载F_x以及水平荷载F_y的杆件,固端的弯矩可近似取$M=F_xe_0/2$,螺柱在弯矩、拉力以及剪力共同作用下按式(6.8)进行强度验算:

$$\sigma_y=\sqrt{\left(\frac{M}{W}+\frac{F_y}{A}\right)^2+3\left(\frac{F_x}{A}\right)^2}\leqslant f_t^b \qquad (6.8)$$

式中:W、f_t^b——分别为螺柱截面抵抗矩和抗拉强度设计值;

　　　M——连接节点受到的弯矩;

　　　A——螺柱净截面面积。

(3)连接节点焊缝验算

通过图6.14可以看出连接节点通过焊接与主体结构连接固定,但考虑连接节点水平肢一侧焊缝有栓钉布置,影响焊缝质量或无法施焊,因此可认为连接节点是三边围焊与主体结构连接。根据上文分析节点承受荷载工况组合,可知焊缝处于弯剪扭受力状态,焊缝形式和受力简图如图6.19所示,从图中也可知B处为焊缝最不利点。

图6.19中F_{y1}为限位部位受面外水平荷载作用,F_{y2}为承重部位受面外水平荷载作用,T为连接件对焊缝造成的荷载偏心作用导致的yz平面扭矩,M为面内竖向偏心作用造成的xy平面的弯矩,e为焊缝外边缘到截面形心的x向水平距离,e_1为承重部位荷载作用处到截面形心的z向水平距离,e_2为限位部位荷载作用处到截面形心的z向水平距离。

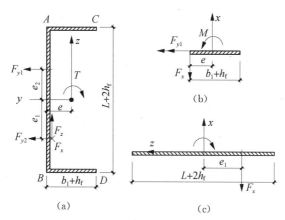

图 6.19　焊缝形式和受力简图

（4）算例分析

将该新型节点应用到某试点工程之中，试点工程抗震设防烈度为 7 度，设计地震分组为第二组，场地类别为Ⅱ类场地土，建筑的抗震设防分类标准为标准设防类。选取该工程中某块预制墙板作为算例，墙板高度取 3 m，宽度取 2.5 m，容重为 1 500 kg/m³，试用本书所给设计方法进行设计验算。

首先依据上述设计参数通过表 6.2 计算自重荷载、风荷载以及地震荷载作用下节点受力；由此节点受力计算结果，试选取 M20 焊接螺柱，节点螺柱开孔直径取 $d_0 = 22$ mm；按照螺柱的承压承载力要小于抗剪承载力原则选定节点角钢厚度；节点焊缝尺寸选取为角钢厚度减去 1~2 mm；角钢截面与长度通过上文所给方法取值，最终选取 L100×80×7 角钢，长度取 250 mm；肋板尺寸及布置依据《钢结构设计标准（GB 50017—2017）》确定，最终构造如图 6.20 所示，工程中应用如图 6.21 所示。按照上文给出的荷载组合方式计算，竖向地震（x）向作用下组合为节点最不利荷载组合，依据该组合结果验算，螺柱、焊缝均满足规范要求。

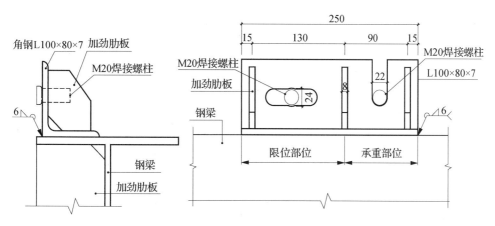

图 6.20　试点工程连接节点构造（单位：mm）

图 6.21　连接节点在工程中应用

6.3.3　预制大板内嵌墙板的连接设计

内嵌墙板的自重荷载一般直接传递到梁构件或者楼板上,其连接件主要是防止在地震作用下引起的倾覆。因此,内嵌墙板的连接件与外挂墙板连接件相比,受力比较单一而且荷载也较小。该连接件只需满足计算墙板的水平地震作用荷载即可,其设计过程相比外挂墙板连接件非常简单,具体可参考外挂墙板连接件,此处不再赘述。

6.3.4　预制条板类的连接节点

对于轻质条板,在装配式钢结构中应用非常广泛,尤其以 ALC 板作为代表,从大型公共建筑到装配式住宅中都得到大量应用。该类墙板与主体钢结构连接的形式较多,常用的连接构造主要有以下几种:

　　1. 插入钢筋法

插入钢筋法是在外墙加气混凝土十字交接拼缝处布置专用的托板承载外墙 ALC 墙板,同时还在此处的竖直缝内部布置上下连接两块加气混凝土墙板的专用接缝钢筋,防止板缝开裂,具体构造如图 6.22 所示。

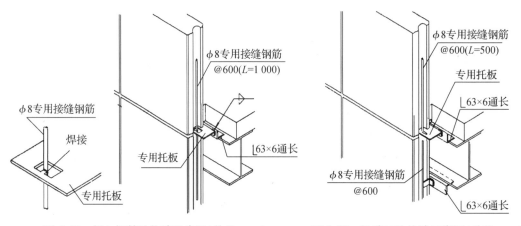

图 6.22　插入钢筋法构造示意图(单位:mm)　　图 6.23　滑动工法构造示意图(单位:mm)

2. 滑动工法

该工法与插入钢筋法类似,但是接缝钢筋并不贯穿上下两块 ALC 外墙板,更加接近柔性连接的原理,具体如图 6.23 所示。

3. ADR 摇摆工法

该工法是由日本设计研发应用的一种新型 ALC 外墙板安装固定方式,最大的特点可承受较大的结构主体变形,安装施工简洁便捷,但是成本较高。

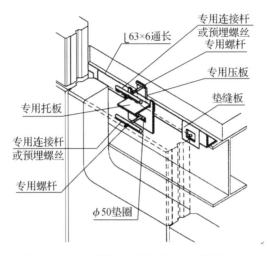

图 6.24　ADR 摇摆工法构造示意图(单位:mm)

6.4　楼板体系设计

6.4.1　钢结构建筑常用的楼板形式

装配式钢结构设计中,一般会考虑假定刚性楼板来进行设计。因此,楼板应用于装配式钢结构建筑时,首先要保证楼板与主体结构的连接可靠,这时需要楼板应尽量带有一定的后浇,从而保证整体性。目前,装配式钢结构建筑中常用的楼板形式主要有:压型钢板混凝土组合楼板(图 6.25)、钢筋桁架楼承板(图 6.26)、现浇钢筋混凝土楼板(图 6.27)及预制混凝土叠合楼板。这四种楼板的特点具体见表 6.3。

表 6.3　常见楼板体系特点对比

楼板种类	压型钢板混凝土组合楼板	钢筋桁架楼承板	现浇钢筋混凝土楼板	预制混凝土叠合楼板
装配化	部分装配化	部分装配化	无	部分装配化
施工效率	湿作业量大 施工效率高	湿作业量大 施工效率高	湿作业量大 施工效率低	湿作业量少 施工效率高
楼板刚度	大	大	大	较大
楼层净高	小	大	大	大

楼板种类	压型钢板混凝土组合楼板	钢筋桁架楼承板	现浇钢筋混凝土楼板	预制混凝土叠合楼板
防火与防腐	需要	不需要	不需要	不需要
吊顶	需要	依据拆模	不需要	不需要
造价	较高	较高	低	适中

当压型钢板混凝土组合楼板应用在住宅建筑中时,因下部有凹槽需要做吊顶,从而降低建筑使用层高;而钢筋桁架楼承板的底层镀锌板只作为混凝土模板使用,不考虑其结构贡献,因此会造成材料浪费。钢筋桁架混凝土叠合楼板作为一种工业化的楼板逐渐在装配式钢结构体系中越来越广泛(图 6.28)。该楼板分为预制和现浇两部分,工厂预制一定厚度的混凝土板,并以此预制板作为模板,现场再浇筑混凝土形成钢筋桁架混凝土叠合楼板。该楼板大大减少了混凝土的现场浇筑量,可以很好地弥补压型钢板混凝土组合楼板和钢筋桁架楼承板的缺点。除此之外,工厂预制层中可以预埋线盒,现浇层中布置水电管线,具有一定的集成化,符合当前装配式住宅工业化的要求。

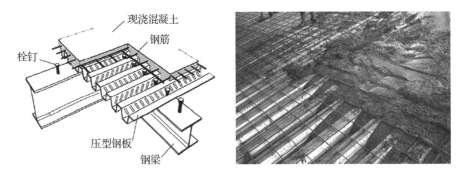

图 6.25　压型钢板混凝土组合楼板

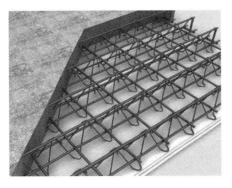

图 6.26　钢筋桁架楼承板

图 6.27　混凝土现浇楼板

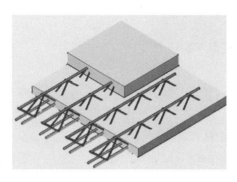

图 6.28　钢筋桁架混凝土叠合楼板

6.4.2　压型钢板混凝土组合楼板规定与设计

压型钢板混凝土组合楼板是指压型钢板与混凝土组合楼板时在压型钢板上现浇混凝土,且配置适量的钢筋所构成的一种板。目前,在钢结构与组合结构房屋的楼板中,尤其是高层建筑钢结构中应用较早并已经很完善。这类楼板不仅具有良好的结构性能和合理的施工工序,而且具有较好的综合经济效益,更能显示其优越性。在压型钢板与混凝土组成的组合楼板中,根据压型钢板的使用功能,可以分为压型钢板混凝土组合楼板和压型钢板混凝土非组合楼板两种类型。两者的区别主要如下:

(1) 在使用阶段,非组合楼板的压型钢板不代替混凝土板的受拉钢筋,属于非受力钢板,可按普通混凝土板计算承载力;而组合楼板中的压型钢板作为混凝土板的受拉钢筋,为楼板提供抗弯承载力,可以减少钢筋的用量。

(2) 非组合楼板中的压型钢板不起混凝土板的受拉钢筋作用,可不喷涂防火涂料,但宜采用具有防锈功能的镀锌板;组合楼板中的压型钢板起受力钢筋的作用,且宜采用镀锌量不多的压型钢板,并在板底喷涂防火涂料。

(3) 非组合楼板的压型钢板与混凝土之间的叠合面可放松要求,不要求采用带有特殊波槽、压痕的压型钢板或采取其他措施;而组合楼板的压型钢板在使用阶段作为受拉钢筋使用,为了传递压型钢板与混凝土叠合面之间的纵向剪力,需采用圆柱头焊钉或齿槽以传递压型钢板与混凝土叠合面之间的剪力。

1. 压型钢板的分类

在组合楼板中,为了使压型钢板与混凝土板之间能够较好地形成整体,共同工作,两者之间的叠合面应能承受和传递纵向剪力。按压型钢板和混凝土板之间的叠合面传递剪力的方式,压型钢板可以分为以下四类:

(1) 带有纵向闭合式波槽的压型钢板,它主要依靠楔形混凝土块传递叠合面上的剪力。

(2) 带有压痕或加劲肋的压型钢板,它主要依靠压痕或加劲肋传递叠合面上的剪力。

(3) 带有冲孔的压型钢板,它主要依靠冲孔提高混凝土与钢板的黏结力。

(4) 无压痕的压型钢板,为提高黏结力,在翼缘上加焊横向短钢筋,它主要依靠加焊的横向短钢筋传递叠合面的剪力,且钢筋与压型钢板之间的连接宜采用喇叭形剖口焊缝。

2. 压型钢板混凝土组合楼板的计算方法

压型钢板混凝土组合楼板的计算应分别按施工阶段和使用阶段进行计算。

(1) 施工阶段

当混凝土尚未达到其设计强度之前,楼板上的荷载均由作为浇筑混凝土底模的压型钢板来承担的计算,称为施工阶段。

由于施工阶段中组合楼板的混凝土尚不知其设计强度,因此施工阶段应验算压型钢板的强度和变形,此验算可以按照弹性方法进行计算。

该阶段设计原则:

① 压型钢板仅验算强边(顺肋)方向的强度和挠度。

② 压型钢板的强边方向的正、负弯矩和挠度,应按单向板计算;弱边方向不需要计算。

③ 压型钢板的计算简图应按实际支撑跨度及跨度尺寸确定,但鉴于钢材下料的不利情况,也可取两跨连续板或单跨简支板进行计算。

④ 若计算过程中出现压型钢板的强度或挠度不能满足设计要求时,可增设临时支撑以减小压型钢板的跨度,并重新计算,此时计算跨度应取临时支撑之间的跨度。

(2) 使用阶段

当混凝土达到设计强度之后,组合楼板上正常使用荷载是由混凝土与压型钢板共同承担的,这一过程为组合楼板的使用阶段。

组合楼板在使用阶段,应验算其正面抗弯承载力、斜截面抗剪承载力、纵向抗剪承载力,对板上有较大集中荷载作用时还需进行局部荷载作用下的冲切承载力验算,同时,还需对使用阶段的组合楼板进行变形与裂缝验算。使用阶段的组合楼板的正截面承载能力一般是按塑性方法进行计算,但有时也可按弹性方法进行计算。

组合楼板的材料强度确定原则,为楼板截面上受拉(压)区混凝土、压型钢板以及钢筋均达到其强度设计值。

由于压型钢板组合楼板在应用中会导致建筑中天花板凹凸不平,后期须做吊顶处理,因此在当前的装配式钢结构中应用较少。

6.4.3　钢筋桁架楼承板规定与设计

钢筋桁架模板是将楼板中钢筋在工厂加工成钢筋桁架,并将钢筋桁架与底模连接成一体的组合模板。底模为压型钢板时,钢板采用镀锌卷板等不同类别的薄钢板,基板厚度为 0.5 mm,屈服强度应不低于 330 N/mm^2,镀锌板的镀锌层两面总计不小于 180 g/m^2,质量应符合相应标准的规定。随着技术的进步,也有部分产品采用木板以及竹板作为模板,可拆卸回收利用,更加环保经济,因此,本节将围绕着应用中多采用薄钢板比较成熟的钢筋桁架楼承板进行介绍。

施工现场,将钢筋桁架模板支承在钢梁上,然后绑扎桁架连接钢筋、支座附加钢筋及分布钢筋,最后浇筑混凝土,便形成钢筋桁架楼承板。

而钢筋桁架模板根据是否设临时支撑分为两种情况:

(1)设临时支撑时,与普通现浇混凝土楼板基本相同。

(2)不设临时支撑时,在混凝土结硬前,楼板强度和刚度即钢筋桁架的强度和刚度、钢筋桁架模板自重、混凝土质量及施工荷载全由钢筋桁架承受。混凝土结硬是在钢筋桁架模板变形下进行的,所以楼板自重不会使板底混凝土产生拉力,在除楼板自重以外的永久荷载及楼面活荷载作用下,板底混凝土才产生拉力。这样,楼板开裂延迟、楼板的刚度比普通现浇混凝土楼板大。

目前在装配式钢结构建筑中,多采用不设临时支撑的模板,可以大大减少现场施工,因此下文对钢筋桁架楼承板设计主要是针对无临时支撑的方式来介绍。

该楼板的设计内容主要包括以下三个内容:

(1)在混凝土从浇筑到设计强度过程中,楼板受力明显不同。所以应进行使用及施工两阶段计算。

(2)使用阶段计算包括楼板的正截面承载力计算、楼板下部钢筋应力控制验算、支座裂缝控制验算以及挠度验算。

(3)施工阶段计算包括上下弦杆强度验算、受压弦杆和腹杆稳定性验算以及桁架挠度验算。

钢筋桁架楼承板根据具体工程情况可设计为单向板,也可设计为双向板。在确定设计为单向板还是双向板时,不必遵守楼板长边与短边长度的比例关系原则,即当长边与短边长度之比小于等于 2.0 时,也可按单向板设计,但沿长边方向应布置足够数量的构造钢筋。在实际应用中宜采用单向板设计。

1. 使用阶段

该阶段不设临时支撑时,按以下原则设计:

(1)内力计算

此阶段楼板形成,根据支座实际情况,按简支或连续梁模型计算。当为连续板时,板支座及跨中弯矩按式(6.9)、式(6.10)计算。支座弯矩调幅不应大于 15%。

① 支座弯矩:

$$M_支 = \alpha_{1F}g_1 l_0^2 + \alpha_{2F}g_2 l_0^2 + \alpha_{3F}p_2 l_0^2 \tag{6.9}$$

② 跨中弯矩:

$$M_中 = \alpha_{1M}g_1 l_0^2 + \alpha_{2M}g_2 l_0^2 + \alpha_{3M}p_2 l_0^2 \tag{6.10}$$

式中:g_1——楼板自重;

g_2——除楼板自重以外的永久荷载;

p_2——楼面活荷载;

l_0——楼板的计算跨度;

$M_支$——楼板支座弯矩;

$M_中$——楼板跨中弯矩;

α_{1F},α_{1M}——分别为楼板自重作用下,根据施工阶段桁架连续性确定的支座或跨中弯矩系数;

α_{2F},α_{2M}——分别为除楼板自重以外的永久荷载作用下,根据使用阶段楼板连续性确定的支座或跨中弯矩系数;

α_{3F},α_{3M}——分别为楼面活荷载作用下,根据施工阶段桁架连续性、考虑活荷载不利布置确定的支座或跨中弯矩系数。

注:a. 施工阶段桁架连续性:如图 6.29 所示的楼板简图,设计选用两块长度为 l_a 和 l_b 的钢筋桁架模板,认为施工阶段楼板为两跨(长度为 l_a)和三跨(长度为 l_b)的连续桁架。在楼板自重作用下,各支座及跨中弯矩分别按两跨和三跨连续桁架计算。

b. 使用阶段楼板连续性:如图 6.29 所示的楼板简图,认为使用阶段楼板为五跨连续板。在除楼板自重以外的永久荷载及楼板活荷载作用下,各支座及跨中弯矩按五跨连续板计算。

图 6.29 楼板简图

承载力极限状态计算及正常使用极限状态验算

① 楼板正截面承载力应按现行国家标准《混凝土结构设计规范》[GB 50010—2010(2015 年版)]及《冷轧带肋钢筋混凝土结构技术规程》(JGJ 95—2010)有关规定计算。

② 楼板下部钢筋的拉应力应符合下列规定:

$$\sigma_{sk} \leqslant 0.9 f_y \tag{6.11}$$

$$\sigma_{sk} = \sigma_{s1k} + \sigma_{s2k} \tag{6.12}$$

$$\sigma_{s1k} = \frac{N_{1k}}{A_s} \tag{6.13}$$

$$\sigma_{s2k} = \frac{M_{2k}}{0.87 A_s h_0} \tag{6.14}$$

式中：A_s——计算宽度范围内杆件截面面积；

f_y——钢筋抗拉强度设计值；

h_0——截面有效高度；

M_{2k}——使用阶段除楼板自重以外的永久荷载及楼面活荷载标准值作用下在计算截面产生的弯矩值；

N_{1k}——楼板自重标准值作用下钢筋桁架下弦的拉力；

σ_{s1k}——楼板自重标准值作用下钢筋桁架下弦的拉应力；

σ_{s2k}——在弯矩 M_{2k} 作用下楼板下部钢筋的拉应力；

σ_{sk}——楼板下部钢筋的拉应力。

③ 楼板支座的最大裂缝宽度限值按现行国家标准《混凝土结构设计规范》[GB 50010—2010(2015 年版)]有关规定执行。其裂缝控制验算应按现行国家标准《混凝土结构设计规范》[GB 50010—2010(2015 年版)]中相关公式执行，其中 M_k 应为除楼板自重以外的永久荷载以及楼面活荷载作用下按荷载效应标准组合计算的弯矩值。

④ 楼板挠度：楼面活荷载作用下楼板的挠度不应超过计算跨度的 1/350，楼板自重、除楼板自重以外的永久荷载以及楼面活荷载作用下楼板的挠度不应超过计算跨度的 1/250。在楼板挠度计算中，刚度按现行国家标准《混凝土结构设计规范》[GB 50010—2010(2015 年版)]中相关公式计算。

2. 施工阶段

施工阶段不设临时支撑时，钢筋桁架模板中桁架杆件的内力以及钢筋桁架模板的挠度，采用桁架模型计算。承载能力极限状态按荷载效应基本组合，重要性系数 γ_0 取 0.9。挠度采用荷载的标准效应组合计算。

此阶段荷载包括钢筋桁架模板自重、湿混凝土重量以及施工荷载。施工荷载采用均布荷载为 1.5 kN/m² 和跨中集中荷载沿板宽为 2.5 kN/m 中较不利者，不考虑二者同时作用。

钢筋桁架的验算主要包括以下两部分内容：

(1) 上下弦杆强度应按式(6.15)计算：

$$\sigma = \frac{N}{A_s} \leqslant 0.9 f_y \tag{6.15}$$

(2) 受压弦杆及腹杆稳定性应按式(6.16)计算：

$$\frac{N}{\varphi A_s} \leqslant f'_y \tag{6.16}$$

式中：A_s——钢筋截面积；

N——杆件轴心拉力或压力；

σ——上下弦杆的应力；

φ——轴心受压构件的稳定系数，按现行国家标准《钢结构设计标准》(GB 50017—2017)附录C采用。其中受压弦杆的计算长度取 0.9 倍的受压弦杆节点间距，腹杆的计算长度取 0.7 倍的腹杆节点间距。

（3）桁架挠度与跨度之比值不大于 1/180,且其挠度值不大于 20 mm。

3. 设计步骤

（1）确定设计基本参数。

设计基本参数包括楼板的跨度、厚度,两个阶段板支座情况、钢筋种类、砼强度等级、使用荷载等。

（2）确定钢筋桁架模板的长度。

根据工程情况,模板长度可以定为一跨或几跨之和,确定时应注意:

① 钢筋桁架楼板的长度宜为 200 mm 的倍数,特殊情况下长度可为 100 mm 的倍数。

② 模板长度最好定为几跨之和的连续板。

③ 模板长度最好不大于 9 m。

（3）通过使用阶段计算,初步选择钢筋桁架模板的型号

钢筋桁架模板设计包括桁架杆件设计、底模设计、桁架杆件连接节点设计和桁架与底模连接节点设计四个方面。其中连接节点的强度通过构造保证,不需要验算,底模已设计成型,满足受力要求,所以设计人员只需进行桁架杆件设计便可选择钢筋桁架模板的型号。

（4）当不设临时支撑时,进行施工阶段验算,调整模板的型号,以至满足受力要求。

（5）确定支座附加钢筋用量。当钢筋桁架连续时,使用阶段计算的支座负筋截面面积减去钢筋桁架上弦钢筋截面面积,即为支座附加钢筋量;当钢筋桁架在支座处不连续时,使用阶段计算的支座负筋截面面积即为支座附加钢筋量。不同种类钢筋应进行等强代换。

（6）绘制楼板结构图。楼板结构图包括平面布置图及节点大样。平面布置图包含:钢筋桁架模板排板,支座负筋、洞边和柱边附加钢筋、分布钢筋,柱边、混凝土墙边支承件等。同时图中必须明确施工期间临时支撑布置情况。

4. 构造要求

纵向受力钢筋的混凝土保护层厚度（钢筋外边缘至混凝土表面的距离）不应小于钢筋的公称直径且应符合表 6.4 的规定。

表 6.4　混凝土保护层最小厚度　　　　单位:mm

环境类别		混凝土强度等级		
		C20	C25～C45	≥C50
一		15	15	15
二	a	20	20	20
	b	—	25	20
三		—	30	25

注:1. 环境类别应根据《混凝土结构设计规范》[GB 50010—2010(2015 年版)]中表 3.5.2 划分。

2. 由于钢筋桁架混凝土保护层厚度能得到充分保证,所以当混凝土强度等级为 C20 时,混凝土保护层厚度较《混凝土结构设计规范》[GB 50010—2010(2015 年版)]规定有所减小。

除上述以外,钢筋桁架楼承板还需要满足以下构造要求:

当计算中充分利用钢筋的抗拉强度时,受拉钢筋的锚固长度应按式（6.17）计算,且在

任何情况下,纵向受拉钢筋的锚固长度不应小于 250 mm。

$$l_a = \alpha \frac{f_y}{f_t} d \tag{6.17}$$

式中:l_a——纵向受拉钢筋的锚固长度;

$\quad f_y$——钢筋的抗拉强度设计值;

$\quad f_t$——混凝土轴心抗拉强度设计值,当混凝土强度等级高于 C40 时,按 C40 取值;

$\quad d$——钢筋的公称直径;

$\quad \alpha$——钢筋的外形系数,光面钢筋 α 取 0.16,带肋钢筋 α 取 0.14。

同一方向,两块模板连接处,应设置上下弦连接钢筋;上部钢筋按计算确定,下部钢筋按构造配置,配筋量不小于 Φ 6@250。连接钢筋与钢筋桁架上弦钢筋的搭接长度应按式(6.18)计算,且不应小于 300 mm。

$$l_1 = 1.6 l_a \tag{6.18}$$

式中:l_1——纵向受拉钢筋的搭接长度。

连接钢筋与钢筋桁架下弦钢筋的搭接长度应按式(6.19)计算,且不应小于 200 mm。

$$l_1 = 1.12 l_a \tag{6.19}$$

纵向受力钢筋的最小配筋百分率取 0.2 和 $45 f_t / f_y$ 中的较大值。高层建筑中地下室顶板及转换层楼板的最小配筋百分率为 0.25。桁架下弦钢筋伸入梁边的锚固长度 l_a 不应小于 $5d$,且不小于 50 mm,压型钢板伸入梁边不应小于 30 mm。楼板厚度大于等于 100 mm,且小于等于 300 mm。楼板开孔,孔洞切断桁架上下弦钢筋时,孔洞边应设洞边加强筋,当孔洞边有较大的集中荷载或洞边长大于 1 000 mm,应设洞边梁。

设计除符合以上规定外,同时也应严格按《混凝土结构设计规范》[GB 50010—2010 (2015 年版)]和《冷轧带肋钢筋混凝土结构技术规程》(JGJ 95—2011)中相关构造执行。

6.4.4 钢筋桁架混凝土叠合楼板设计

1. 一般规定

桁架叠合板与制作应有可靠连接;桁架叠合板应进行施工和使用两阶段设计:其结构性能包括承载、挠度、裂缝宽度应符合设计要求。

预制板应按照房间平面尺寸,生产、运输及吊装能力进行布置,并宜实现标准化和模数化。桁架叠合板的安装和验收,应符合国家现行有关标准和专项施工方案的要求,并进行质量安全技术交底。

钢筋桁架混凝土叠合楼板所用的混凝土等级不宜低于 C30,受力钢筋以及构造钢筋、钢筋桁架选用的牌号及直径应满足表 6.5 要求。

叠合板接缝倒角处下表面封堵所用的聚合物水泥砂浆应具有良好的防水抗渗性能、抗腐蚀性能、耐老化抗冻性能和黏结强度,其性能应满足表 6.6 要求。

表 6.5　钢筋桁架材料规格

类别		牌号	公称直径/mm
受力钢筋、分布钢筋		宜采用 HRB400,HRB500 可采用 CRB550,CRB600H	6～16
钢筋桁架	上弦钢筋	宜采用 HRB400,HRB500 可采用 CRB550,CRB600H	8～16
	下弦钢筋	宜采用 HRB400,HRB500 可采用 CRB550,CRB600H	6～14
	格构钢筋	宜采用 HPB300,HRB400,HRB500 可采用冷轧光面钢筋	4～8

注:格构钢筋直径不宜小于上、下弦钢筋直径的 0.3 倍,且不宜小于 4 mm。

表 6.6　接缝砂浆的物理力学性能

项目	技术指标
保水率/%	≥92
凝结时间/h	≤5
2 h 稠度损失率/%	≤20
14 d 拉伸黏结强度/MPa	≥0.6
28 d 收缩率/%	≤0.12
质量损失率/%	≤2
28 d 抗压强度/MPa	≥20

2. 设计准则

钢筋桁架混凝土叠合楼板使用阶段安全等级为二级,设计使用年限 50 年。

钢筋桁架混凝土叠合楼板正常使用阶段,跨中裂缝控制等级为三级,最大裂缝宽度允许值为 0.3 mm。

钢筋桁架混凝土叠合楼板的挠度按荷载效应准永久组合并考虑荷载长期作用影响的刚度进行计算,板的挠度限值取 $l_0/200$, l_0 为板的标志跨度。

3. 使用阶段的计算与验算

板的各控制截面弯矩可按式(6.20)计算

$$M = \alpha p l_0^2 \tag{6.20}$$

式中:M——跨中活支座单位板宽内的弯矩设计值;

α——弯矩系数,可按表 6.7 采用。

表 6.7　弯矩系数

弯矩位置	边跨跨中	边跨内支座	中跨跨中	中跨支座
弯矩系数	0.071 4	−0.090 9(−0.1)	0.062 5	−0.071 4

注:1. 表中系数适用于可变荷载标准值和永久荷载标准值之比大于 0.3 的等跨(相邻跨差小于 20%)连续板。

2. 括号内数字用于两跨连续板。

p——均布荷载设计值(kN/m²),计算公式如下:

可变荷载效应控制时,

$$p=1.2G_k+1.4Q_k \qquad (6.21)$$

永久荷载效应控制时,

$$p=1.35G_k+1.4\psi_c Q_k \qquad (6.22)$$

式中:G_k——永久荷载标准值;

Q_k——可变荷载标准值;

ψ_c——可变荷载的组合值系数;

l_0——计算跨度,取板的标志跨度。

在进行正常使用极限荷载状态验算时,荷载按以下情况考虑:

预制钢筋混凝土底板施工阶段验算,主要包括:

(1)标准组合设计值:

$$p_c=G_k+Q_k \qquad (6.23)$$

(2)准永久组合设计值:

$$p_q=G_k+\psi_q Q_k \qquad (6.24)$$

式中:ψ_q——可变荷载的组合值系数。

此外,在叠合楼板施工之前,预制钢筋混凝土底板的强度须达到强度设计值的100%方可进行施工。

预制钢筋混凝土底板脱模时,不应产生裂缝 $\sigma_{cr} \leqslant f_{tk}$,$\sigma_{cr}$为构件脱模时产生的构件正截面边缘混凝土法向拉应力,f_{tk}为构件脱模时的混凝土抗拉强度标准值。

脱模验算的等效静力荷载标准值应取自重标准值乘动力系数或脱模吸附系数。脱模吸附系数取1.5,吊装、运输时动力系数取1.5,构件安装过程中就位,临时固定时动力系数取1.2,脱模吸附力不宜小于1.5 kN/m²。

6.4.5　钢筋桁架混凝土叠合楼板设计案例

选取某装配式钢结构工程中一跨度为3 m的钢筋桁架混凝土预制叠合楼板来进行设计,预制底板厚度为70 mm,现浇70 mm预制底板中钢筋桁架高度100 mm,上弦钢筋直径12 mm,下弦钢筋直径8 mm,间距s为300 mm,板底分布钢筋两个方向分布筋为8@300,钢筋均为HRB400,具体如图6.30所示。由于使用阶段按正常混凝土楼板进行计算,因此,此处主要针对叠合楼板施工阶段进行介绍,使用阶段设计不再详细介绍。

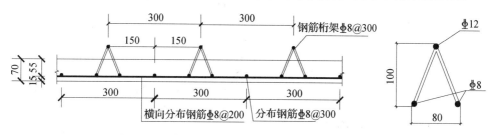

图6.30　单位宽度预制板的计算示意图(单位:mm)

1. 设计参数

施工阶段结构重要性系数：$\gamma_{01}=0.9$；

使用阶段结构重要性系数：$\gamma_{02}=1.0$；

混凝土强度等级 C30：$f_c=14.30\ N/mm^2$；

$f_t=1.43\ N/mm^2$；$R_c=25.0\ kN/m^3$；

$f_{tk}=2.01\ N/mm^2$；$E_c=3.00\times10^4\ N/mm^2$；

钢筋强度等级 HRB400：$f_y=360\ N/mm^2$；

钢筋弹性模量：$E_s=2.00\times10^5\ N/mm^2$；

楼板厚度：$h=140\ mm$；

混凝土保护层厚度：$c=15.0\ mm$；

跨中裂缝控制等级为三级，最大裂缝宽度为 0.3 mm。

2. 施工阶段荷载组合

永久荷载：140 mm 厚的混凝土荷载，$p=R_c\times0.14=3.5\ (kN/m^2)$；

施工荷载：施工工人，依据图集取 $q=1.5\ kN/m^2$；

永久荷载分项系数：$\gamma_G=1.3$；

可变荷载分项系数：$\gamma_Q=1.5$；

准永久值系数：$\psi_q=0.40$；

基本组合 $q_{s1}=1.3\times p+1.5\times q=1.3\times3.5+1.5\times1.5=6.8\ (kN/m^2)$；

标准组合 $q_{s3}=p+q=3.5+1.5=5\ (kN/m^2)$；

准永久组合 $q_{s4}=p+0.5q=3.5+0.5\times1.5=4.25\ (kN/m^2)$。

3. 施工阶段承载力验算

由于施工阶段均处于弹性阶段，因此该阶段的承载力可以近似取钢筋桁架和混凝土板叠合的方法进行计算。取 300 mm 宽楼板作为单位宽度进行计算，则单位宽度楼板跨中弯矩：

$$M_{s1}=q_{s1}sl^2/8=6.8\times0.30\times3^2/8=2.295\ (kN\cdot m)；$$

预制底板中受拉钢筋单位板宽内的面积为 $A_1=50.24\ mm^2$；

截面有效高度 $h_0=70-15=55\ (mm)$；

则截面最小配筋率和最大配筋率：

$$\rho_{min}=0.45\frac{f_t}{f_y}=0.45\times\frac{1.43}{360}\approx0.001\ 79$$

$$\xi_b=\frac{0.8}{1+\dfrac{f_y}{0.003\ 3E_s}}\approx0.5$$

$$\rho_b=\xi_b\frac{\alpha_1 f_c}{f_y}=0.5\times\frac{1.0\times14.30}{360}\approx0.020$$

按适筋截面计算预制底板的抗弯承载力：

$$\rho = \frac{A_s}{bh} = \frac{50.24}{60 \times 300} = 0.28\%$$

$$x = \frac{f_y A_s}{\alpha_1 f_c b} = \frac{360 \times 50.24}{1.0 \times 14.3 \times 300} = 4.22 \text{ (mm)}$$

$$M_{s1} = f_y A_s \left(h_0 - \frac{x}{2} \right) = 360 \times 50.24 \times \left(66 - \frac{4.22}{2} \right) \approx 1.16 \text{ (kN · m)}$$

对于钢筋桁架的抗弯承载力,按照格构式截面进行计算,一榀 100 mm 高的钢筋桁架的截面抵抗矩:$W = 8\,320 \text{ mm}^4$

因此钢筋桁架承受的弯矩可以得到:

$$M_{s2} = W f_y = 8\,320 \times 360 \approx 3.00 \text{ (kN · m)}$$

两者承载力相加:

$$M = M_{s1} + M_{s2} = 3.00 + 1.16 = 4.16 \text{ (kN · m)} \geqslant M_{s1}$$

此时预制底板承载力能够满足要求。

4. 挠度验算

预制 70 mm 厚混凝土楼板的短期刚度计算:

$$\rho_{te} = \frac{A_s}{0.5bh} = \frac{50.24}{0.5 \times 70 \times 300} \approx 0.004\,79$$

裂缝间纵向受拉钢筋应变不均匀系数 ψ,假定钢筋临界屈服,因此,

$$\psi = 1.1 - 0.65 \frac{f_{tk}}{\rho_{te} \sigma_s} = 1.1 - 0.65 \times \frac{2.01}{0.004\,79 \times 360} \approx 0.34$$

$$B_s = \frac{E_s A_s h_0^2}{1.15\psi + 0.2 + 6\alpha_E \rho} = \frac{2 \times 10^5 \times 50.24 \times 55 \times 55}{1.15 \times 0.34 + 0.2 + 6 \times 6.67 \times 0.004\,79} \approx 3.88 \times 10^{10} \text{ (mm}^4\text{)}$$

钢筋桁架的抗弯刚度:

$$K_1 = EI = 205\,000 \times 432\,500 \approx 8.87 \times 10^{10} \text{ (mm}^4\text{)}$$

预制底板刚度 B_s 与钢筋桁架刚度 K_1 叠加可得整体刚度

$$I_0 = B_s + K_1 = 12.75 \times 10^{10} \text{ (mm}^4\text{)}$$

跨中弯矩:

$$M_{s3} = q_{s3} s l^2 / 8 = 5 \times 0.3 \times 3^2 / 8 \approx 1.7 \text{ (kN · m)}$$

$$\delta = \frac{5 M_{s3} l_0^2}{48(B_s + K_1)} = \frac{5 \times 1.7 \times 9 \times 10^{12}}{48 \times 12.75 \times 10^{10}} = 12.5 \text{ (mm)} \leqslant 3\,100/200 = 15.5 \text{ mm}$$

挠度满足 $L/200$ 要求。

5. 裂缝验算

此时验算考虑预制板下层分布钢筋和桁架下弦钢筋一起作用,受拉钢筋面积为:

$$A_s = 50.24 \times 3 = 150.72 \text{ (mm}^2\text{)}$$

准永久组合作用:

$$M_{s4} = q_{s4} s l^2 / 8 = 4.25 \times 0.3 \times 9/8 \approx 1.43 \text{ (kN · m)}$$

根据《混凝土结构设计规范》(GB 50010—2010)式(7.1.4-3)可得受拉钢筋应力:

$$\sigma_{sq} = \frac{M_q}{0.87h_0A_s} = \frac{1\,430\,000}{0.87 \times 55 \times 151} \approx 197.9 \ (\text{N/mm}^2)$$

按有效受拉混凝土截面面积计算的纵向受拉钢筋配筋率，根据《混凝土结构设计规范》(GB 50010—2010)式(7.1.2-4)：

$$A_{te} = 0.5bh = 0.5 \times 300 \times 70 = 10\,500 \ (\text{mm}^2)$$

$$\rho_{te1} = \frac{A_s + A_p}{A_{te}} = \frac{151 + 0}{10\,500} \approx 0.014\,4$$

$\rho_{te1} = 0.014\,4 > 0.01$，取 $\rho_{te1} = 0.014\,4$；

裂缝间纵向受拉钢筋应变不均匀系数，根据《混凝土结构设计规范》式(7.1.2-2)：

$$\psi = 1.1 - \frac{0.65f_{tk}}{\rho_{te1}\sigma_s} = 1.1 - \frac{0.65 \times 2.01}{0.014\,4 \times 198} \approx 0.642$$

最外层纵向受拉钢筋外边缘至受拉区底边的距离 $c_s < 20$，取 $c_s = 20$。受拉区纵向钢筋的等效直径 d_{eq}：

$$d_{eq} = \frac{\sum n_i d_i^2}{\sum n_i v_i d_i} = \frac{3 \times 64}{3 \times 1.0 \times 8} = 8 \ (\text{mm})$$

根据《混凝土结构设计规范》表 7.1.2-1 可知，构件受力特征系数 $\alpha_{cr} = 1.9$，最大裂缝宽度计算

根据《混凝土结构设计规范》式(7.1.2-1)：

$$\sigma_s = \sigma_{sq}$$

$$\omega_{max} = \alpha_{cr}\psi\frac{\sigma_s}{E_s}\left(1.9c_s + 0.08\frac{d_{eq}}{\rho_{te1}}\right) = 1.9 \times 0.642 \times \frac{198}{200\,000}\left(1.9 \times 20 + 0.08 \times \frac{8}{0.014\,4}\right)$$

$$\approx 0.1 \ (\text{mm})$$

最大裂缝宽度：$0.1 \ \text{mm} < [\omega_{max}] = 0.300 \ \text{mm}$，满足。

6. 脱模和吊装验算

脱模时考虑混凝土强度的 70% 进行计算，板底开裂容许弯矩 W_2（组合梁计算得到）

$$M_{cr} = 0.7W_2f_t = 0.7 \times 300\,285 \times 1.43 \approx 0.30 \ (\text{kN} \cdot \text{m})；$$

取 300 mm 宽度计算，板自重 $q_g = 25 \times 0.3 \times 0.06 = 0.45 \ (\text{kN/m})$；

脱模荷载（模板吸附力）$q_x = 0.3 \times 1.5 = 0.45 \ (\text{kN/m})$；

脱模吊装荷载（自重）$q_{g1} = 0.3 \times 1.5 = 0.45 \ (\text{kN/m})$；

脱模荷载取大值 0.9 kN/m；

对于现场吊装，吊装动力系数取 $\alpha_1 = 1.5$；

$$F = \alpha_1 q_g = 1.5 \times 0.45 = 0.675 \ (\text{kN/m})。$$

可见脱模为最不利作用，保证脱模和吊装楼板出现裂缝，吊点在 1/4 处。此时，预制楼板板底弯矩为 0，不会出列裂缝，板底弯矩满足结构容许弯矩。正向弯矩小于上文计算容许弯矩。

综上所述，该工程预制叠合板计算配筋满足施工阶段设计要求。

7 装配式钢结构防火与防腐设计

7.1 装配式钢结构防火保护设计

7.1.1 概述

火灾是严重威胁人类生存和发展的常发性灾害之一,其造成的直接经济损失约为地震的 5 倍,仅次于干旱和洪涝,且发生的频度居各类灾害之首。火灾发生后很可能造成工厂停产,供水、供电中断,影响人们正常的生活与工作,从而造成巨大的间接经济损失。统计分析表明,火灾平均间接损失是直接经济损失的 3 倍左右。

钢材虽然为不燃材料,但其耐火性较差,高温作用对钢材的材性有显著影响,如屈服强度和弹性模量随温度的升高而降低,当温度超过 600 ℃时,钢材的强度和刚度约降为室温的一半;同时,火灾导致构件内部形成不均匀温度场,在构件内部引起附加温度应力,对结构受力极其不利。当发生火灾时,无防火保护的钢构件的耐火时间通常为仅为 15 min。因此,对装配式建筑钢结构进行防火保护设计并采取相应的保护措施对建筑结构安全非常重要。

7.1.2 建筑构件的耐火极限

耐火极限是指对任一建筑构件在标准火灾条件下,从受到火的作用时起,到失去支持能力或完整性被破坏或失去隔火作用时为止的这段时间。建筑构件需要达到的耐火极限取决于建筑的耐火等级、构件的受力特性和重要性。耐火极限是防火保护设计的基本依据。

单、多层建筑和高层建筑中的各类钢构件、组合构件等的耐火极限不应低于表 7.1 的规定。低于规定的要求时,应采取外包覆不燃烧体或其他防火隔热的措施。

表 7.1 单、多层和高层建筑构件的耐火极限 单位:h

构件名称	耐火等级					
	单、多层建筑				高层建筑	
	一级	二级	三级	四级	一级	二级
承重墙	3.00	2.50	2.00	0.50	2.00	2.00
柱、柱间支撑	3.00	2.50	2.00	0.50	3.00	2.50

构件名称	耐火等级						
	单、多层建筑					高层建筑	
	一级	二级	三级		四级		一级	二级
梁、桁架	2.00	1.50	1.00		0.50		2.00	1.50
楼板、楼面支撑	1.50	1.00	厂、库房	民用	厂、库房	民用	1.50	1.00
			0.75	0.50	0.50	不要求		
屋顶承重构件、屋面支撑、系杆	1.50	0.50	厂、库房	民用	不要求		1.50	1.00
			0.50	不要求				
疏散楼梯	1.50	1.00	厂、库房	民用	不要求			
			0.75	0.50				

注:1. 单、多层一般公共建筑和居住建筑中设有自动喷水灭火系统全保护时,各类构件的耐火极限可按表 7.1 中相应的规定降低 0.5 h。

2. 单、多层一般公共建筑的屋盖承重构件,设有自动喷水灭火系统全保护,且屋盖承重构件离地(楼)面的高度不小于 6 m 时,该屋盖承重构件可不采取其他防火保护措施。

3. 多、高层建筑中设有自动喷水灭火系统全保护(包括封闭楼梯间、防烟楼梯间),且高层建筑的防烟楼梯间及其前室设有正压送风系统时,楼梯间中的钢结构可不采取其他防火保护措施;多层建筑中的敞开楼梯、敞开楼梯间采用钢结构时,应采取有效的防火保护措施。

7.1.3 耐火计算与防火设计

钢结构应按结构耐火承载力极限状态进行耐火验算与防火设计。满足下列条件之一时,应视为钢结构构件达到耐火承载力极限状态:

(1) 轴心受力构件截面屈服;

(2) 受弯构件产生足够的塑性铰而成为可变机构;

(3) 构件整体丧失稳定;

(4) 构件达到不适于继续承载的变形。

钢结构构件的耐火验算和防火设计,可采用耐火极限法、承载力法或临界温度法,且应符合下列规定:

(1) 耐火极限法。在设计荷载作用下,火灾下钢结构构件的实际耐火极限不应小于其设计耐火极限,并应按式(7.1)进行验算。其中,构件的实际耐火极限可按现行国家标准《建筑构件耐火试验方法 第 1 部分:通用要求》(GB/T 9978.1—2008)、《建筑构件耐火试验方法 第 5 部分:承重水平分隔构件的特殊要求》(GB/T 9978.5—2008)、《建筑构件耐火试验方法 第 6 部分:梁的特殊要求》(GB/T 9978.6—2008)、《建筑构件耐火试验方法 第 7 部分:柱的特殊要求》(GB/T 9978.7—2008)通过试验测定,或通过计算确定。

$$t_m \geqslant t_d \qquad (7.1)$$

式中:t_m——火灾下钢结构构件的实际耐火极限;

t_d——钢结构构件的设计耐火极限。

（2）承载力法。在设计耐火极限时间内，火灾下钢结构构件的承载力设计值不应小于其最不利的荷载（作用）组合效应设计值，并应按式（7.2）进行验算。

$$R_d \geqslant S_m \qquad (7.2)$$

式中：S_m——荷载（作用）组合效应的设计值；

R_d——结构构件抗力的设计值。

（3）临界温度法。在设计耐火极限时间内，火灾下钢结构构件的最高温度不应高于其临界温度，并应按式（7.3）进行验算。

$$T_d \geqslant T_m \qquad (7.3)$$

式中：T_m——在设计耐火极限时间内构件的最高温度；

T_d——构件的临界温度。

7.1.4 防火保护措施与构造

1. 防火保护措施的确定

（1）确定原则

钢结构的防火保护措施应根据钢结构的结构类型、设计耐火极限和使用环境等因素，按照下列原则确定：

① 防火保护施工时，不产生对人体有害的粉尘或气体；

② 钢构件受火后发生允许变形时，防火保护不发生结构性破坏与失效；

③ 施工方便且不影响前续已完工的施工及后续施工；

④ 具有良好的耐久、耐候性能。

（2）装配式钢结构可采用的防火保护措施

① 外包混凝土或砌筑砌体；

② 涂敷防火涂料；

③ 防火板包覆；

④ 复合防火保护，即在钢结构表面涂敷防火涂料或采用柔性毡状隔热材料包覆，再用轻质防火板作饰面板。

2. 防火保护材料的确定

（1）采用防火涂料保护时，可选用非膨胀型或膨胀型防火涂料。

非膨胀型防火涂料又称厚型防火涂料，其主要成分为无机绝热材料，遇火不膨胀，其防火机理是利用涂层固有的良好的绝热性以及高温下部分成分的蒸发和分解等烧蚀反应而产生的吸热作用，来阻隔和消耗火灾热量向基材的传递，延缓钢构件升温。非膨胀型防火涂料一般不燃、无毒、耐老化、耐久性较可靠，适用于永久性建筑中的钢结构防火保护。非膨胀型防火涂料涂层厚度一般为 7~50 mm，对应的构件耐火极限可达到 0.5~3.0 h。

· 膨胀型防火涂料又称薄型防火涂料，其基料为有机树脂，配方中还含有发泡剂、阻燃剂、成炭剂等成分，遇火后自身会发泡膨胀，形成比原涂层厚度大数倍到数十倍的多孔碳质层。多孔碳质层可阻挡外部热源对基材的传热,如同绝热屏障。膨胀型防火涂料在设计耐火极限不高于 1.5 h 时,具有较好的经济性。

防火涂料的技术性能应符合现行国家标准《钢结构防火涂料》(GB 14907—2018)的规定。防火涂料的选用应符合下列规定:

① 室内隐蔽构件,宜选用非膨胀型防火涂料;

② 设计耐火极限大于 1.5 h 的构件,不宜选用膨胀型防火涂料;

③ 室外、半室外钢结构采用膨胀型防火涂料时,应选用符合环境对其性能要求的产品;

④ 非膨胀型防火涂料涂层的厚度不应小于 10 mm;

⑤ 防火涂料与防腐涂料应相容、匹配。

(2) 采用包覆防火板保护时,可选用防火薄板或者防火厚板。防火薄板有纸面石膏板、纤维增强水泥板、玻镁平板等,这类板材常用作轻钢龙骨隔墙的面板、吊顶板以及钢梁、钢柱经非膨胀型防火涂料涂覆后的装饰面板。防火厚板主要有硅酸钙防火板、膨胀蛭石防火板两种,这类板材在美、英、日等国钢结构防火工程中已有大量应用。由于国内自主生产的防火厚板产品较少且造价较高,目前在国内应用较少。

防火板的选用应符合下列规定:

① 防火板应为不燃材料,且受火时不应出现炸裂和穿透裂缝等现象;

② 防火板的包覆应根据构件形状和所处部位进行构造设计,并应采取确保安装牢固稳定的措施;

③ 固定防火板的龙骨及黏结剂应为不燃材料。龙骨应便于与构件及防火板连接,黏结剂在高温下应能保持一定的强度,并应能保证防火板的包敷完整。

(3) 采用包覆柔性毡状隔热材料保护时,可选用硅酸铝纤维毡、岩棉毡、玻璃棉毡等矿物棉毡,此类材料不应用于易受潮或受水的钢结构,同时在自重作用下,毡状材料不应发生压缩不均的现象。

(4) 采用外包混凝土、金属网抹砂浆或砌筑砌体保护时,应符合下列规定:

① 当采用外包混凝土时,混凝土的强度等级不宜低于 C20;

② 当采用外包金属网抹砂浆时,砂浆的强度等级不宜低于 M5;金属丝网的网格不宜大于 20 mm,丝径不宜小于 0.6 mm;砂浆最小厚度不宜小于 25 mm;

③ 当采用砌筑砌体时,砌块的强度等级不宜低于 MU10。

3. 防火保护构造

(1) 采用喷涂非膨胀型防火涂料保护时,其防火保护构造宜按图 7.1 选用。有下列情况之一时,宜在涂层内设置与钢构件相连接的镀锌铁丝网或玻璃纤维布。

① 构件承受冲击、振动荷载;

② 防火涂料的黏结强度不大于 0.05 MPa;

③ 构件的腹板高度大于 500 mm 且涂层厚度不小于 30 mm;

④ 构件的腹板高度大于 500 mm 且涂层长期暴露在室外。

(2) 采用包覆防火板保护时,钢柱的防火板保护构造宜按图 7.2 选用,钢梁的防火板保护构造宜按图 7.3 选用。

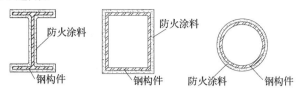

（a）不加镀锌铁丝网的防火涂料保护

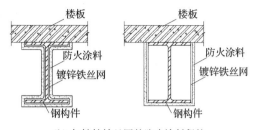

（b）加镀锌铁丝网的防火涂料保护

图 7.1　防火涂料防火保护构造

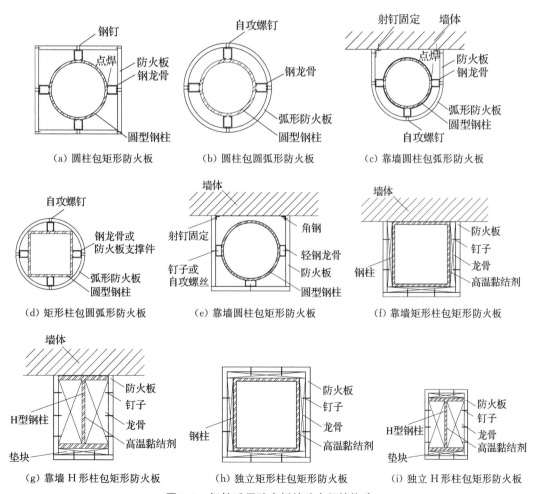

（a）圆柱包矩形防火板　　（b）圆柱包圆弧形防火板　　（c）靠墙圆柱包弧形防火板

（d）矩形柱包圆弧形防火板　　（e）靠墙圆柱包矩形防火板　　（f）靠墙矩形柱包矩形防火板

（g）靠墙 H 形柱包矩形防火板　　（h）独立矩形柱包矩形防火板　　（i）独立 H 形柱包矩形防火板

图 7.2　钢柱采用防火板的防火保护构造

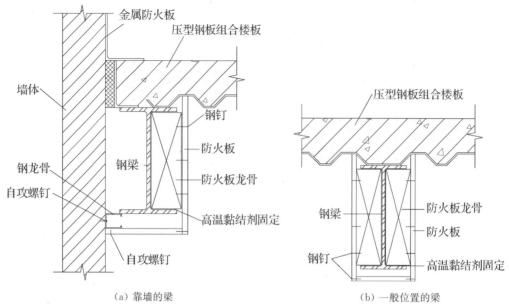

（a）靠墙的梁 　　　　　　　　　　（b）一般位置的梁

图 7.3　钢梁采用防火板的防火保护构造

（3）采用包覆柔性毡状隔热材料保护时，其防火保护构造宜按图 7.4 选用。

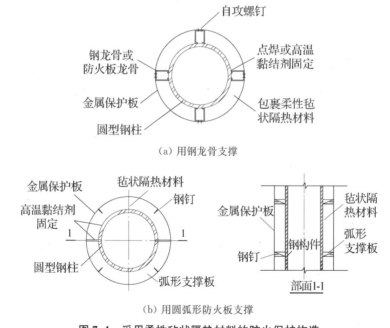

（a）用钢龙骨支撑

（b）用圆弧形防火板支撑

图 7.4　采用柔性毡状隔热材料的防火保护构造

（4）采用外包混凝土或砌筑砌体保护时，其防火保护构造宜按图 7.5 选用，外包混凝土宜配构造钢筋。

（5）采用复合防火保护时，钢柱的防火保护构造宜按图 7.6-1、7.6-2 选用，钢梁的防火保护构造宜按图 7.6-3 选用。

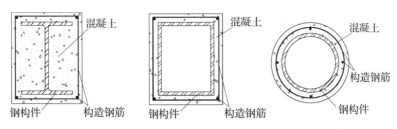

图 7.5 采用外包混凝土的钢构件防火保护构造

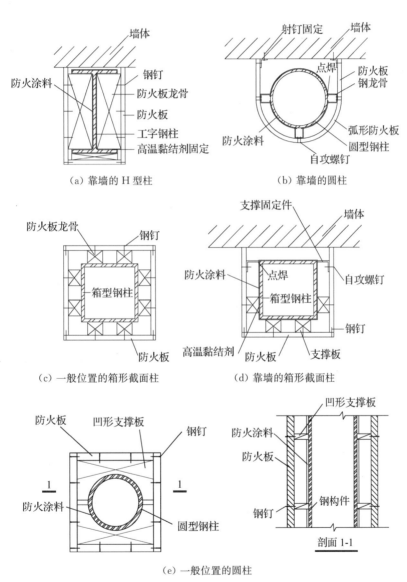

（a）靠墙的 H 型柱　　　　　　（b）靠墙的圆柱

（c）一般位置的箱形截面柱　　　　（d）靠墙的箱形截面柱

剖面 1-1

（e）一般位置的圆柱

图 7.6-1 钢柱采用防火涂料和防火板的复合防火保护构造

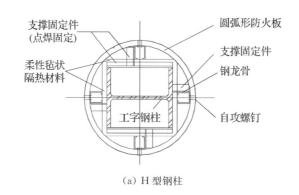

（a）H型钢柱

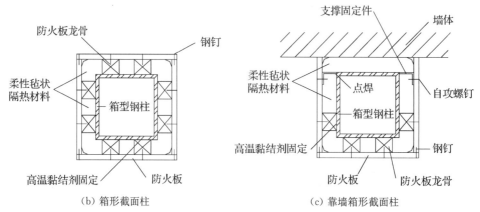

（b）箱形截面柱　　　　　　　　　　（c）靠墙箱形截面柱

图 7.6-2　钢柱采用柔性毡和防火板的复合防火保护构造

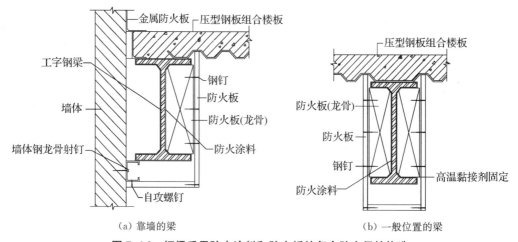

（a）靠墙的梁　　　　　　　　　　　（b）一般位置的梁

图 7.6-3　钢梁采用防火涂料和防火板的复合防火保护构造

7.2　装配式钢结构防腐保护设计

7.2.1　概述

　　钢材在大气环境中会发生不同程度的腐蚀。钢材的腐蚀可分为两种：一种是化学腐蚀,即钢材表面与周围介质直接起化学反应而产生的腐蚀,其腐蚀的程度随时间和温度的增加而增加。另一种是电化学腐蚀,即钢材在存放和使用中与周围环境介质之间发生氧化还原反应而产生的腐蚀。钢结构腐蚀不仅仅是材料的锈蚀,还是一个复杂的化学物理过程。

腐蚀一方面造成大量钢材的损耗,另一方面,导致钢材的强度、塑性等主要力学性能指标发生劣化,降低了钢结构构件和建筑物的安全性和耐久性。因此,装配式钢结构应采取防腐措施。

7.2.2 钢结构腐蚀等级

大气环境对建筑钢结构长期作用下的腐蚀性等级是进行建筑钢结构防腐蚀设计的依据。建筑钢结构所处位置的大气环境和年平均环境相对湿度可按表7.2确定大气环境腐蚀性等级。当大气环境不易划分时,大气环境腐蚀性等级应由设计进行确定。

表 7.2 大气环境对建筑钢结构长期作用下的腐蚀性等级

腐蚀类型		腐蚀速率/ $(mm \cdot a^{-1})$	腐蚀环境		
腐蚀性等级	名称		大气环境气体类型	年平均环境相对湿度/%	大气环境
Ⅰ	无腐蚀	<0.001	A	<60	乡村大气
Ⅱ	弱腐蚀	0.001~0.025	A	60~75	乡村大气
			B	<60	城市大气
Ⅲ	轻腐蚀	0.025~0.05	A	>75	乡村大气
			B	60~75	城市大气
			C	<60	工业大气
Ⅳ	中腐蚀	0.05~0.2	B	>75	城市大气
			C	60~75	工业大气
			D	<60	海洋大气
Ⅴ	较强腐蚀	0.2~1.0	C	>75	工业大气
			D	60~75	海洋大气
Ⅵ	强腐蚀	1.0~5.0	D	>75	海洋大气

注:1. 在特殊场合与额外腐蚀负荷作用下,应将腐蚀类型提高等级。
　　2. 处于潮湿状态或不可避免结露的部位,环境相对湿度应取大于75%。
　　3. 大气环境气体类型可根据《建筑钢结构防腐蚀技术规程》(JGJ/T 251—2011)进行划分。

7.2.3 表面处理

表面处理质量是影响防腐涂层寿命的主要因素,同时对金属热喷涂层和其他防腐蚀覆盖层与基体的结合力也有极重要的作用。现行国家标准《涂覆涂料前钢材表面处理表面清洁度的目视评定　第1部分:未涂覆过的钢材表面和全面清除原有涂层后的钢材表面的锈蚀等级和处理等级》(GB/T 8923.1—2011)对涂装前钢结构的表面状态,包括锈蚀等级和除锈等级都作出了明确的规定,分别如表7.3和7.4所示。防腐蚀设计时应提出表面处理的质量要求,并应对表面除锈等级和表面粗糙度作出明确规定。此外,不同涂料表面最低除锈等级还应符合表7.5的要求。

表7.3　钢材锈蚀等级

锈蚀等级	表面锈蚀状态
A	大面积覆盖着氧化皮而几乎没有铁锈的钢材表面
B	已发生锈蚀,并且氧化皮已开始剥落的钢材表面
C	氧化皮已因锈蚀而剥落,或者可以刮除,并且在正常视力观察下可见轻微点蚀的钢材表面
D	氧化皮已因锈蚀而全面剥离,并且在正常视力观察下可见普通发生点蚀的钢材表面

表7.4　钢材处理等级

处理方式	处理等级	处理要求	处理后表面外观状况
喷射清理	Sa1	轻度清理	在不放大的情况下观察时,表面应无可见的油、脂和污物,并且没有附着不牢的氧化皮、铁锈、涂层和外来杂质
	Sa2	彻底清理	在不放大的情况下观察时,表面应无可见的油、脂和污物,并且几乎没有氧化皮、铁锈、涂层和外来杂质。任何残留污染物应附着牢固
	Sa2(1/2)	非常彻底清理	在不放大的情况下观察时,表面应无可见的油、脂和污物,并且没有氧化皮、铁锈、涂层和外来杂质。任何污染物的残留痕迹应仅呈现为点状或条纹状的轻微色斑
	Sa3	使钢材表观洁净的清理	在不放大的情况下观察时,表面应无可见的油、脂和污物,并且应无氧化皮、铁锈、涂层和外来杂质。该表面应具有均匀的金属光泽
手工和动力工具清理	St2	彻底清理	在不放大的情况下观察时,表面应无可见的油、脂和污物,并且没有附着不牢的氧化皮、铁锈、涂层和外来杂质
	St3	非常彻底清理	同St2,但表面处理应彻底得多,表面应具有金属底材的光泽
火焰清理	F1		在不放大的情况下观察时,表面应无氧化皮、铁锈、涂层和外来杂质。任何残留痕迹应仅为表面变色(不同颜色阴影)

表7.5　不同涂料表面最低除锈等级

项目	最低除锈等级
富锌底涂料	Sa2(1/2)
乙烯磷化底涂料	
环氧或乙烯基酯玻璃鳞片底涂料	Sa2
氯化橡胶、聚氨酯、环氧、聚氯乙烯萤丹、高氯化聚乙烯、氯磺化聚乙烯、醇酸、丙烯酸环氧、丙烯酸聚氨酯等底涂料	Sa2 或 St3
环氧沥青、聚氨酯沥青底涂料	St2

项目	最低除锈等级
喷铝及其合金	Sa3
喷锌及其合金	Sa2(1/2)

注:1. 新建工程重要构件的除锈等级不应低于 Sa2(1/2)。

    2. 喷射或抛射除锈后的表面粗糙度宜为 $40\sim75\ \mu m$,且不应大于涂层厚度的 1/3。

7.2.4 防腐蚀方法

装配式钢结构建筑防腐蚀设计应根据环境条件、材质、结构形式、使用要求、施工条件和维护管理条件等选择合适的防腐蚀方法。防腐蚀方法通常可分为四大类,即涂层防腐法、金属热喷涂防腐法、阴极保护法和使用耐腐蚀钢。其中前两类方法最为常用。

1. 涂层防腐法

涂层防腐法是在钢材表面涂以非金属保护层,即将涂料涂覆在钢材表面,使之免受大气中有害介质的侵蚀。涂层防腐价格适中、适应性强、施工方便,并且效果显著,因此在钢结构防腐中应用非常广泛。该方法的具体要求如下:

进行涂层设计时,一方面应按照涂层配套进行设计;另一方面应满足腐蚀环境、工况条件和防腐蚀年限要求;此外,还应综合考虑底涂层与基材的适应性,涂料各层之间的相容性和适应性,涂料品种与施工方法的适应性。

涂层涂料宜选用有可靠工程实践应用经验的,经证明耐蚀性适用于腐蚀性物质成分的产品,并应采用环保型产品。选用新产品时应进行技术和经济论证。防腐蚀涂装同一配套中的底漆、中间漆和面漆应有良好的相容性,且宜选用同一厂家的产品。

防腐蚀面涂料的选择应符合下列规定:

(1)用于室外环境时,可选用氯化橡胶、脂肪族聚氨酯、聚氯乙烯萤丹、氯磺化聚乙烯、高氯化聚乙烯、丙烯酸聚氨酯、丙烯酸环氧等涂料。

(2)对涂层的耐磨、耐久和抗渗性能有较高要求时,宜选用树脂玻璃鳞片涂料。

防腐蚀底涂料的选择应符合下列规定:

(1)锌、铝和含锌、铝金属层的钢材,其表面应采用环氧底涂料封闭;底涂料的颜料应采用锌黄类。

(2)在有机富锌或无机富锌底涂料上,宜采用环氧云铁或环氧铁红的涂料。

防腐蚀保护层最小厚度应符合表 7.6 的规定。

2. 金属热喷涂防腐法

金属热喷涂防腐法是利用各种热源,将欲喷涂的固体涂层材料加热至熔化或软化,借助高速气流的雾化效果使其形成微细熔滴,喷射沉积到经过处理的基体表面形成金属涂层的方法。金属热喷涂主要有喷锌和喷铝两种,作为钢结构的底层,有着很好的耐蚀性能。该方法广泛用于新建、重建或维护保养时对于金属部分的修补,尤其适用于严重腐蚀环境下的钢结构,或者需要特别加强防护的重要承重构件。

表 7.6 钢结构防腐蚀保护层最小厚度

防腐蚀保护层设计使用年限/a	钢结构防腐蚀保护层最小厚度/μm				
	腐蚀性等级Ⅱ级	腐蚀性等级Ⅲ级	腐蚀性等级Ⅳ级	腐蚀性等级Ⅴ级	腐蚀性等级Ⅵ级
$2 \leqslant t_1 < 5$	120	140	160	180	200
$5 \leqslant t_1 < 10$	160	180	200	220	240
$10 \leqslant t_1 \leqslant 15$	200	220	240	260	280

注:1. 防腐蚀保护层厚度包括涂料层的厚度或金属层与涂料层复合的厚度。
　　2. 室外工程的涂层厚度宜增加 20～40 μm。

金属热喷涂用的封闭剂应具有较低的黏度,并应与金属涂层具有良好的相容性。金属热喷涂用的涂装层涂料应与封闭层有相容性,并应有良好的耐蚀性。金属热喷涂的性能需由高质量的施工,包括表面处理、使用的材料、施工设备以及施工技术等来保证。

大气环境下金属热喷涂系统最小局部厚度可按表 7.7 选用。

表 7.7 大气环境下金属热喷涂系统最小局部厚度

防腐蚀保护层设计使用年限/a	金属热喷涂系统	最小局部厚度/μm		
		腐蚀等级Ⅳ级	腐蚀等级Ⅴ级	腐蚀等级Ⅵ级
$5 \leqslant t_1 < 10$	喷锌＋封闭	120＋30	150＋30	200＋60
	喷铝＋封闭	120＋30	120＋30	150＋60
	喷锌＋封闭＋涂装	120＋30＋100	150＋30＋100	200＋30＋100
	喷铝＋封闭＋涂装	120＋30＋100	120＋30＋100	150＋30＋100
$10 \leqslant t_1 \leqslant 15$	喷铝＋封闭	120＋60	150＋60	250＋60
	喷 Ac 铝＋封闭	120＋60	150＋60	200＋60
	喷铝＋封闭＋涂装	120＋30＋100	150＋30＋100	250＋30＋100
	喷 Ac 铝＋封闭＋涂装	120＋30＋100	150＋30＋100	200＋30＋100

注:腐蚀严重和维护困难的部位应增加金属涂层的厚度。

7.2.5　防腐蚀设计构造要求

钢结构构件和杆件形式对结构或杆件的腐蚀速率有重大影响。按照材料集中原则的观点,截面的周长与面积之比愈小,则抗腐蚀性能愈高。薄壁型钢壁较薄,稍有腐蚀对承载力影响较大;格构式结构杆件的截面较小,加上缀条、缀板较多,表面积大,不利于钢结构防腐蚀。因此,腐蚀性等级为Ⅳ、Ⅴ或Ⅵ级时,桁架、柱、主梁等重要受力构件不应采用格构式构件和冷弯薄壁型钢。

钢结构杆件应采用实腹式或闭口截面,闭口截面端部应进行封闭;封闭截面进行热镀浸锌时,应采取开孔防爆措施。腐蚀性等级为Ⅳ、Ⅴ或Ⅵ级时,钢结构杆件截面不应采用由双角钢组成的 T 形截面和由双槽钢组成的工形截面。钢结构杆件采用钢板组合时,截面的最小厚度不应小于 6 mm;采用闭口截面杆件时,截面的最小厚度不应小于 4 mm;采用角钢时,截面的最小厚度不应小于 5 mm。

网架结构宜采用管形截面、球型节点。腐蚀性等级为Ⅳ、Ⅴ或Ⅵ级时,应采用焊接连接的空心球节点。当采用螺栓球节点时,杆件与螺栓球的接缝应采用密封材料填嵌严密,多余螺栓孔应封堵。门式刚架构件宜采用热轧 H 型钢;采用 T 型钢或钢板组合时,应采用双面连续焊缝。

桁架、柱、主梁等重要钢构件和闭口截面杆件的焊缝,应采用连续焊缝。角焊缝的焊脚尺寸不应小于 8 mm;当杆件厚度小于 8 mm 时,焊脚尺寸不应小于杆件厚度。加劲肋应切角,切角的尺寸应满足排水、施工维修要求。

构件的连接材料,如焊条、螺栓、垫圈、节点板等连接构件的耐腐蚀性能,不应低于主体材料,以保证结构的整体性。螺栓直径不应小于 12 mm。弹簧垫圈(如防松垫圈、齿状垫圈)容易产生缝隙腐蚀,因此垫圈不应采用弹簧垫圈。螺栓、螺母和垫圈应采用热镀浸锌防护,安装后再采用与主体结构相同的防腐蚀措施。高强度螺栓构件连接处接触面的除锈等级,不应低于 Sa2(1/2),并宜涂无机富锌涂料;连接处的缝隙,应嵌刮耐腐蚀密封膏。

不同金属材料接触时会发生电化学反应,腐蚀严重,故要在接触部位采取防止电化学腐蚀的隔离措施。如采用硅橡胶垫做隔离层并加密封措施。当腐蚀性等级为强腐蚀(Ⅵ级)时,重要构件宜选用耐候钢。耐候钢即耐大气腐蚀钢,是在钢中加入少量合金元素,如铜、铬、镍等,使其在工业大气中形成致密的氧化层,即金属基体的保护层,以提高钢材的耐候性能,同时保持钢材具有良好的焊接性能。

厨房和卫生间等室内湿度较大部位的钢构件,宜外包混凝土或水泥砂浆进行隔离保护,且厚度不小于 30 mm。

参 考 文 献

［1］中华人民共和国住房和城乡建设部. 装配式钢结构建筑技术标准：GB/T 51232—
　　2016［S］. 北京：中国建筑工业出版社，2017.

［2］住房和城乡建设部住宅产业化促进中心. 大力推广装配式建筑必读［M］. 北京：中国
　　建筑工业出版社，2016.

［3］中国建筑标准设计研究院. 装配式建筑系列标准应用实施指南：钢结构建筑［M］. 北
　　京：中国计划出版社，2016.

［4］中国工程建设标准化协会. 钢管混凝土束结构技术标准：T/CECS 546—2018［S］. 北
　　京：中国计划出版社，2018.

［5］周绪红，石宇，周天华，等. 低层冷弯薄壁型钢结构住宅体系［J］. 建筑科学与工程学
　　报，2005，22（2）：1 - 14.

［6］王伟，陈以一，余亚超，等. 分层装配式支撑钢结构工业化建筑体系［J］. 建筑结构，
　　2012，42（10）：48 - 52.

［7］王小平，蒋沧如，蔡江勇，等. 一种新型的轻型钢结构：无比轻钢龙骨体系［J］. 钢结
　　构，2007，22（3）：21 - 25.

［8］赵炳震. 方钢管混凝土组合异形柱框架-支撑结构体系力学性能研究［D］. 天津：天津
　　大学，2017.

［9］陆烨. 大高宽比屈曲约束组合墙钢框架束柱体系性能研究［D］. 上海：同济大
　　学，2009.

［10］莫涛. 钢结构交错桁架体系的弹塑性全过程分析理论与试验研究［D］. 长沙：湖南大
　　学，2003.

［11］中华人民共和国建设部，国家质量监督检验检疫总局. 冷弯薄壁型钢结构技术规范：
　　GB 50018—2002［S］. 北京：中国建筑工业出版社，2002.

［12］中国工程建设标准化协会. 分层装配支撑钢框架房屋技术规程：T/CECS 598—2019
　　［S］. 北京：中国建筑工业出版社，2019.

［13］中华人民共和国住房和城乡建设部. 低层冷弯薄壁型钢房屋建筑技术规程：JGJ
　　227—2011［S］. 北京：中国建筑工业出版社，2011.

［14］中华人民共和国住房和城乡建设部，国家质量监督检验检疫总局. 建筑抗震设计规
　　范：GB 50011—2010［S］. 北京：中国建筑工业出版社，2010.

[15] 中华人民共和国住房和城乡建设部,国家质量监督检验检疫总局.钢结构设计标准：GB 50017—2017[S].北京:中国建筑工业出版社,2017.

[16] 中华人民共和国住房和城乡建设部.高层民用建筑钢结构技术规程:JGJ 99—2015[S].北京:中国建筑工业出版社,2015.

[17] 文林峰,住房和城乡建设部科技与产业化发展中心(住房和城乡建设部住宅产业化促进中心).装配式钢结构技术体系和工程案例汇编[M].北京:中国建筑工业出版社,2019.

[18] 童根树.钢结构设计方法[M].北京:中国建筑工业出版社,2007.

[19] 中国工程建设标准化协会.组合楼板设计与施工规范:CECS 273—2010[S].北京:中国计划出版社,2010.

[20] 中华人民共和国国家质量监督检验检疫总局,中国国家标准化管理委员会.电弧螺柱焊用焊接螺柱(GB/T 902.2—2010)[S].北京:中国标准出版社,2011.

[21] 中华人民共和国住房和城乡建设部.轻型钢结构住宅技术规程:JGJ 209—2010[S].北京:中国建筑工业出版社,2010.

[22] 中华人民共和国住房和城乡建设部.非结构构件抗震设计规范:JGJ 339—2015[S].北京:中国建筑工业出版社.2015.

[23] 中华人民共和国住房和城乡建设部.建筑钢结构防火技术规范:GB 51249—2017[S].北京:中国计划出版社,2017.

[24] 中华人民共和国国家质量监督检验检疫总局,中国国家标准化管理委员会.建筑构件耐火试验方法　第1部分:通用要求:GB/T 9978.1—2008[S].北京:中国标准出版社,2009.

[25] 中华人民共和国国家质量监督检验检疫总局,中国国家标准化管理委员会.建筑构件耐火试验方法　第5部分:承重水平分隔构件的特殊要求:GB/T 9978.5—2008[S].北京:中国标准出版社,2009.

[26] 中华人民共和国国家质量监督检验检疫总局,中国国家标准化管理委员会.建筑构件耐火试验方法　第6部分:梁的特殊要求:GB/T 9978.6—2008[S].北京:中国标准出版社,2009.

[27] 中华人民共和国国家质量监督检验检疫总局,中国国家标准化管理委员会.建筑构件耐火试验方法　第7部分:柱的特殊要求:GB/T 9978.7—2008[S].北京:中国标准出版社,2009.

[28] 中华人民共和国国家市场监督管理总局,中国国家标准化管理委员会.钢结构防火涂料:GB 14907—2018[S].北京:中国标准出版社,2018.

[29] 中华人民共和国住房和城乡建设部.建筑钢结构防腐蚀技术规程(JGJ/T 251—2011)[S].北京:中国建筑工业出版社,2011.

[30] 中华人民共和国国家质量监督检验检疫总局,中国国家标准化管理委员会.涂覆涂料前钢材表面处理　表面清洁度的目视评定　第1部分:未涂覆过的钢材表面和全面清除原有涂层后的钢材表面的锈蚀等级和处理等级:GB/T 8923.1—2011[S].北京:中国标准出版社,2011.

[31] 中国工程建设标准化协会.波形钢板组合结构技术规程:T/CECS 624—2019[S].北京:中国计划出版社,2020.